高速ジャンクション&橋梁の鑑賞法

監修 首都高速道路株式会社 阪神高速道路株式会社ほか

The New Fifties
講談社

巻頭グラビア①

ジャンクションの魅力とは？

ジャンクションとは、
言うなれば

高速道路の交差点

その何がこんなにも
人を惹きつけるのだろうか——

西船場ジャンクション（大阪府）　道路が幾何学的に重なり合う

阿波座ジャンクション
（大阪府）
道路が何層にも重なるジャンクション界“西の横綱”

圧倒的な迫力

箱崎ジャンクション（東京都）
3方向の車両の流れが一極に集中する
ジャンクション界“東の横綱”

驚くほどの重厚感

堀切ジャンクション
（東京都）
河川上を通る２層構
造のジャンクション

人の流れが生む躍動感と

辰巳ジャンクション（東京都）
工場地帯を道路の曲線がつき抜ける

静寂とした躯体

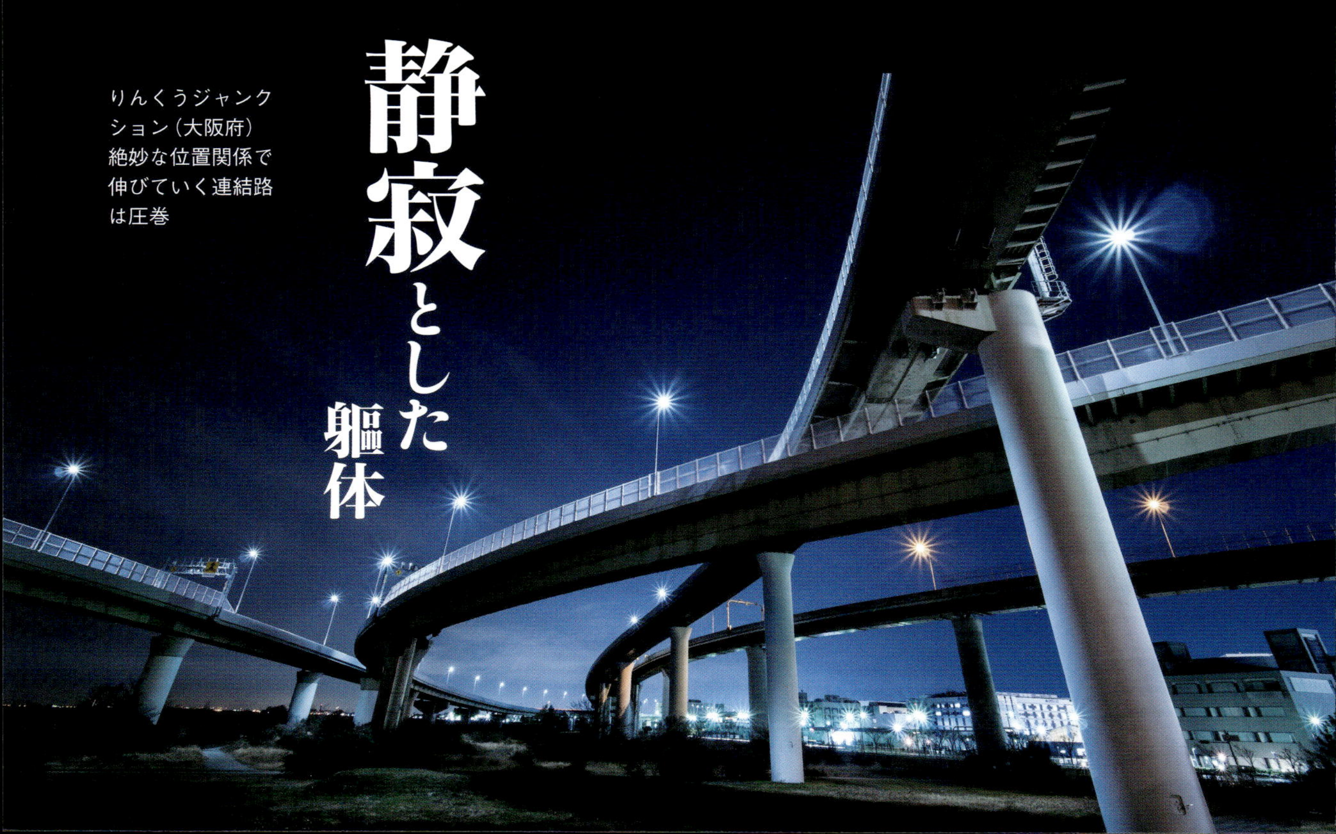

りんくうジャンクション（大阪府）
絶妙な位置関係で伸びていく連結路は圧巻

異様さすら感じるほど

久御山ジャンクション（京都府）　田園の中にそびえるフルタービン型ジャンクション

複雑怪奇な構造

北港ジャンクション（大阪府）
ボックス型の橋脚を擁する

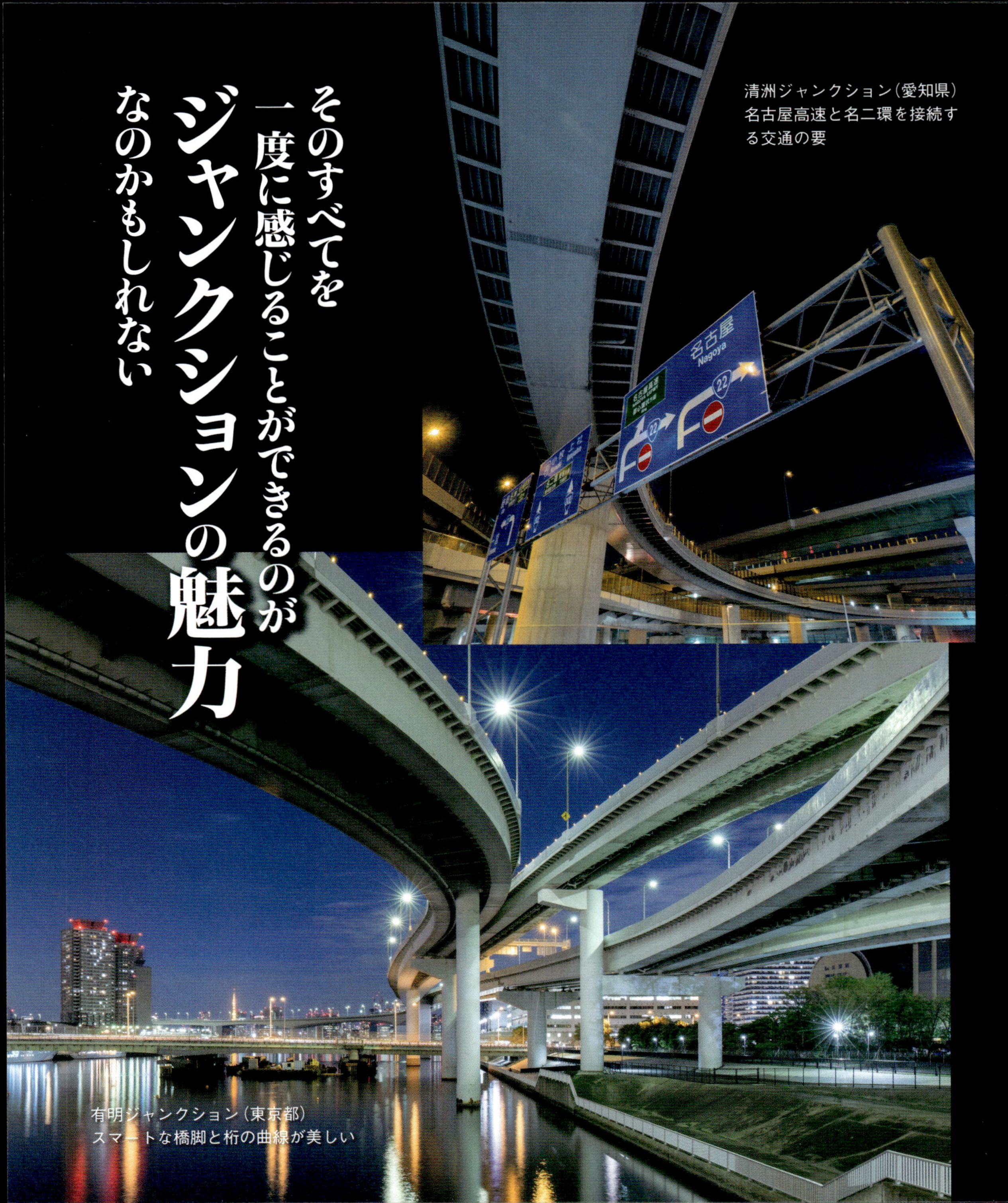

そのすべてを
一度に感じることができるのが
ジャンクションの魅力
なのかもしれない

清洲ジャンクション（愛知県）
名古屋高速と名二環を接続する交通の要

有明ジャンクション（東京都）
スマートな橋脚と桁の曲線が美しい

巻頭グラビア②

橋梁コレクション

高速道路において、欠かすことができないのが海や川を跨ぐ橋梁の存在。大小様々な橋梁のなかでも、とくに機能美あふれる名橋を紹介しよう。

新佐奈川橋
（新東名高速道路）
最高89メートルの
橋脚は新東名随一

新猪名川大橋
（阪神高速11号池田線）
“ビッグハープ”として親しまれる日本最大級の2径間連続PC斜張橋

明石海峡大橋
（神戸淡路鳴門自動車道）
本州と淡路島をむすぶ世界最長の吊り橋

橋の長さや地盤、周囲の景観に合わせて様々な形式がとられる日本の橋。
技術の進歩によって、長いスパンを必要とする山間部や海峡部にも道路を渡せるようになった。

橋梁は、その一部を切り取ってみても面白い。

アクアブリッジ（東京湾アクアライン）
全長４キロ超の日本最長の橋

レインボーブリッジ（首都高速11号台場線）
上が首都高、下が一般道と「ゆりかもめ」の２層構造

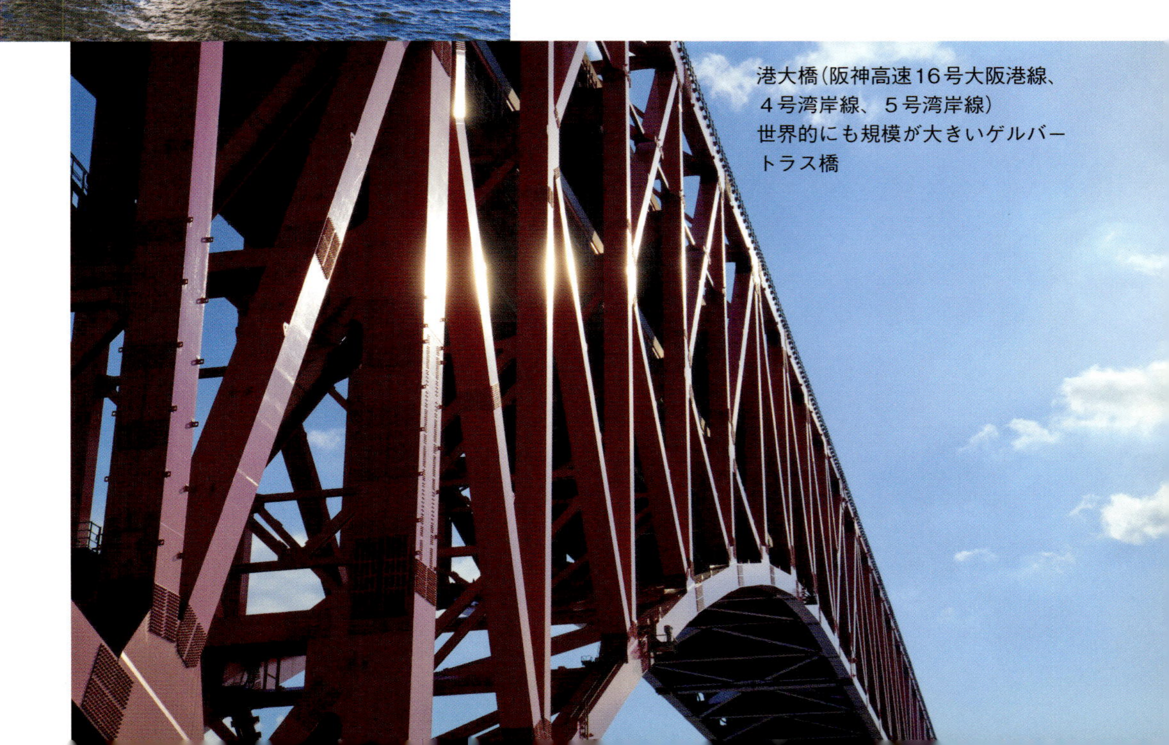

港大橋（阪神高速16号大阪港線、４号湾岸線、５号湾岸線）
世界的にも規模が大きいゲルバートラス橋

上田ローマン橋（上信越自動車道）
橋高、径間数とも日本最大級のＲＣ連続アーチ橋

酒匂川橋
（東名高速道路）
橋長750メートル
の鋼トラス橋

**景観との調和を重視したものもあれば、
地域のランドマークとしての存在感が
求められるものもある。
よく似た形式を用いていても、全く同じ
橋梁は存在しないのだ。**

名港西大橋（伊勢湾岸道路）
上り線と下り線が２橋並列する

目次

『高速ジャンクション&橋梁の鑑賞法』

PART2

橋梁大図鑑

本文レイアウト／株式会社シーツ・デザイン（島田利之）
装幀／山原 望
イラスト／いとう良一
地図製作／株式会社ジェオ
編集協力／株式会社スリーシーズン（松下郁美）

【写真協力】
首都高速道路株式会社、阪神高速道路株式会社、NEXCO 東日本、国土地理院、川北茂貴、尾幡佳徳、山本正和、PIXTA、Cynet Photo、imagenavi

PART 1

ジャンクション大解剖

高速道路どうしの接続部分を意味するジャンクション。
接続部分を下から見上げてみると、
走行時には気づけないような驚きの構造を知ることができる。
日本に数あるジャンクションのうち、
とくに印象深い17のジャンクションを紹介する。

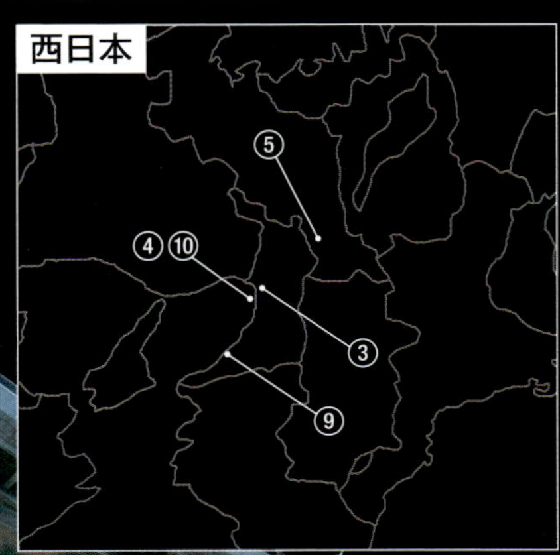

ジャンクション鑑賞の基礎知識

東雲ジャンクション(東京都)

各部の名称　高速道路の構造を解説するにあたり、本書のPART1では各部を次のように呼ぶ。

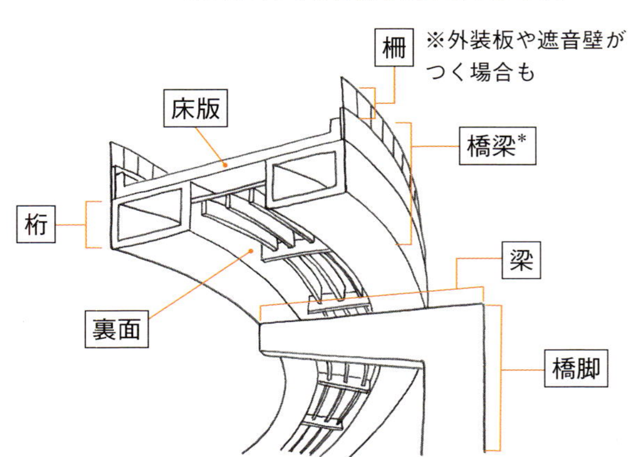

＊「橋梁」は「橋」の意味で使われるのが一般的。本書のPART2では、「橋」の意味で使っている。

ジャンクションの鑑賞時は6つの要素に注目しよう

「ジャンクションを鑑賞する」と言っても、はじめのうちはどこを見たらよいのかわからないかもしれない。そんなときは、立体交差、分岐点、橋脚、曲線、パーツや付属設備、そして背景の、6つの要素に注目してみよう。この6つを見れば、ジャンクションという巨大構造物の魅力をあますことなく楽しめるはずだ。

■曲線

道路が描くカーブのこと。ジャンクションには、必ずといっていいほどカーブが存在する。鋭い急カーブを描くもの、緩やかにカーブしていくもの、上下の桁が逆方向にカーブしていくものなど、多種多様。構造物が織りなす曲線はいつ見ても美しい。

■パーツ・付属設備

ジャンクション部に取り付けられたパーツや、非常階段などの設備に注目してみるのも面白い。落橋防止装置や電纜管（でんらんかん）、排水管などはよく見られるパーツだが、両国ジャンクション（38ページ）の吊り下げ構造など、唯一無二の個性的な設備をもつものもある。

■背景

背景というのは、ジャンクションの周囲の景観のこと。ジャンクションが置かれた環境や、景観との親和性に着目すれば、また新たな視点で鑑賞することができるはずだ。

江北ジャンクション（東京都）

■立体交差

道路どうしが重なり、交差している部分。重厚感のある道路が重なり合う光景は圧巻で、まさにジャンクション鑑賞の醍醐味ともいえるポイント。都市部のジャンクションはとくに重なりが多層になり、迫力が増す。

■分岐点

道路が分岐、もしくは合流している地点のこと。角度によって印象が大きく変わるが、やはり分岐点を正面から見ることができるのが理想的。道路が正面から迫りくる様子を体感できるし、撮影をする際には被写体としても非常に迫力ある構図になる。

堀切ジャンクション（東京都）

■橋脚

高速道路を支える橋脚も見どころのひとつ。道路と走行する車の重量を支えるだけの強度が必要になるので、それだけ巨大な構造に。橋脚にもいくつかの形式があるが（詳細は45ページ）、桁下の環境や地盤の強度によっては既存の形式に当てはまらない特殊な構造を採用することもある。

空中、地上、地下と6層の道路が交差する

西新宿ジャンクション

シンプルで洗練された21世紀のジャンクション

2003年着工、4年後の2007年に完成した西新宿（にししんじゅく）ジャンクション。首都高でも比較的新しいためか、洗練されたデザインが印象的だ。

桁や橋脚、遮音壁に至るまで、白で統一された軀体がビルの合間をぬって伸びる光景は圧巻の一言。夜になると照明灯の明かりを受け、白い桁がオレンジ色に変化する。昼と夜とでここまで表情を変えるジャンクションも珍しい。

着工時、地下には中央環状線の本線を建設中であった。さらに、4号新宿線の下層には京王新線も走っている。これらの地下埋設物や地上を走

DATA

〔所在地〕
東京都新宿区

〔形状〕
Y字型

〔接続〕
首都高速４号新宿線、中央環状線

〔供用開始〕
2007年12月

4号新宿線のカラーラインが入った遮音壁

かつて、首都高では路線ごとに異なるカラーのラインを入れて遮音壁に特徴を出していた。西新宿ジャンクション付近の4号新宿線の遮音壁には、赤茶色のラインが入っている。

4号新宿線の昼景。

る道路との干渉を避けるため、複雑に屈曲した橋脚が多く使われている。

料金所がある西参道口の交差点から。交差点の道幅が広いため、橋脚の幅も非常に広いつくりになる。左の写真は2層式の「ラーメン式橋脚」。

構造を知る

新旧デザインが共存する遮音壁に注目

裏面吸音板

高架下に設置し、一般道の騒音の跳ね返りを低減する設備。中に吸音材が入っている。裏面吸音板は保守点検のときの足場としても活用されるほか、良好な景観を保つことにも一役買っている。

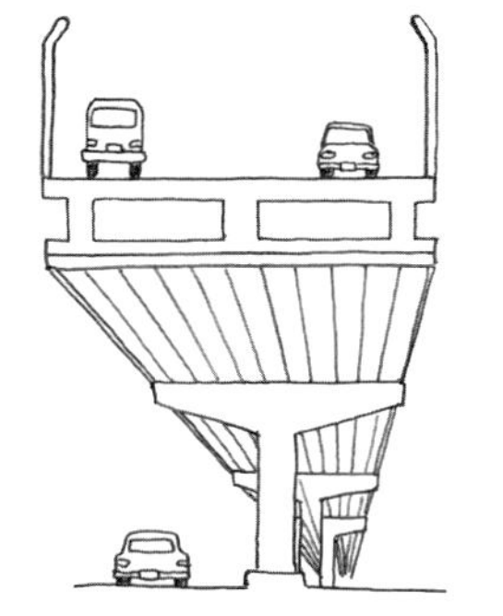

橋脚内部への扉

山手通りと甲州街道のアンダーパスが立体交差する、初台交差点の真上に位置する西新宿ジャンクション。交差点上では4号新宿線、中央環状線から新宿線への連結路、新宿線から環状線への連結路の3つが交差しており、この時点ですでに5つの道路が交差していることになる。さらに、地下には中央環状線の本線が走っているというから驚きだ。

1964年に開通した4号新宿線と、2007年に完成したジャンクション部とで、見た目の印象が異なるのも面白い。新宿線の遮音壁には当時主流だったラインが入ったものが使用されているのに対し、それ以外の部分では周囲の景観と調和するシンプルなデザインのものが採用されている。

おすすめの鑑賞法

①初台の交差点から

まずは「立体交差点」でもある初台交差点から。東側から見上げれば、背後に東京オペラシティタワーを背負うジャンクションが見られる。色々な角度から眺めて、場所によって異なる表情を楽しもう。

②少し移動して料金所を下から見学

隣の西参道口交差点には、新宿入口料金所がある。このあたりは橋脚の形も変わっていて面白い。

③東京オペラシティから見下ろす

近隣に立つ東京オペラシティからは全貌を鑑賞できる。とくに夜は、高速道路が描く光の道が浮かび上がって見えるのでおすすめ。

高速道路と景観

首都高では、開業当初はコーラルピンクやピスタチオなどの鮮やかな色の橋梁が使用されていたが、周囲の景観との調和を考え、塗り替えが進められている。現在では、海や河川付近にはウォーターサイド・ブルー、都市部ではニュートラル（白）やベージュなどの色が使われることが多い。

このような道路の拡幅部分は、標識や照明、電源設備などを格納するためのスペース。

近年積極的に採用されている透明な遮音壁。周囲の採光を遮ることもないし、ドライバーにも圧迫感を与えない。

箱崎ジャンクション

大都会に現れたヤマタノオロチ

DATA

〔所在地〕
東京都中央区
〔形状〕
Ｙ字型
〔接続〕
首都高速６号向島線、９号深川線
〔供用開始〕
1980年２月

言わずと知れたジャンクション界の王様

首都高の要衝・箱崎(はこざき)ジャンクションと言えば、渋滞の名所を思い浮かべる人も多いかもしれない。しかしながらこのジャンクションマニア達からは「ジャンクションのジャンクション界の王様」としてあがめられているのだ。

その異名を実感したいのなら、箱崎交番前の交差点へ行ってみよう。地下鉄の水天宮駅から徒歩０分というアクセスの良さも魅力だ。そこから頭上を見上げれば、目前に迫るのは猛々しい橋桁。６本の橋梁が重なり合う複雑怪奇な構造は、八つの頭を持つ怪物〝ヤマタノオロチ〟にも譬(たと)

橋梁が空中で交差する圧巻の光景

道路同士は絶妙な上下関係で重なり合い、さらにはビルの合間をぬうように伸びていく。空から見た箱崎ジャンクションは右の写真のようなシンプルな形状なのに、地上から見るとこれほど複雑に道路が重なり合っているのだ。

箱崎ジャンクションの空撮写真。

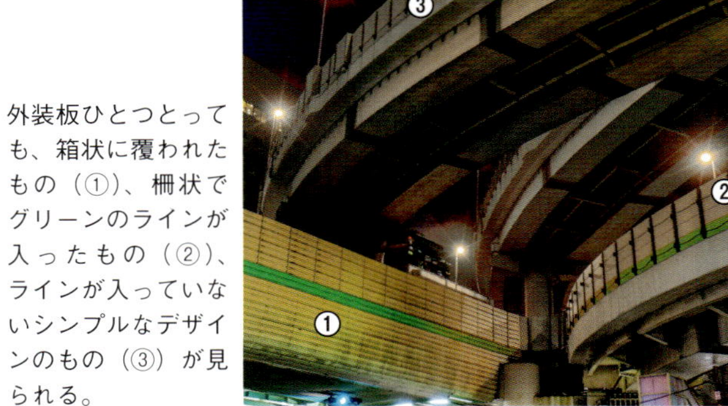

外装板ひとつとっても、箱状に覆われたもの（①）、柵状でグリーンのラインが入ったもの（②）、ラインが入っていないシンプルなデザインのもの（③）が見られる。

えられる。

これだけたくさんの橋梁が密集するのは用地面積が少ない都市部のジャンクションならでは。こうした迫力ある姿を臨めることこそが、王様だと称される所以だろう。

構造を知る

中段にロータリーを擁する特殊な構造

首都高速6号向島線と9号深川線がY字に分岐するだけのシンプルなジャンクションだが、特筆すべきは下層がロータリーになっている点だろう。この存在によって、ジャンクション、ロータリー、一般道という「3層構造」が出来上がっているのだ。ロータリーを擁するジャンクションは全国でも類を見ない。

向島線の下り線（江戸橋→箱崎方面）は全部で4車線あるが、当初は一番右の車線のみしか深川線に分岐していなかった。しかし、1994年から1998年にかけての改良工事によって、一番左の車線からの連結路も設置された。この増設部分では、既存の橋脚に新たな橋脚を接続したことによる特殊な形状が見られる。

箱崎ロータリー

ジャンクションの下層はロータリーになっており、ここを経由することで各方向への進路変更が可能になる。ロータリー内は時計回りの一方通行で、PAも併設されている。

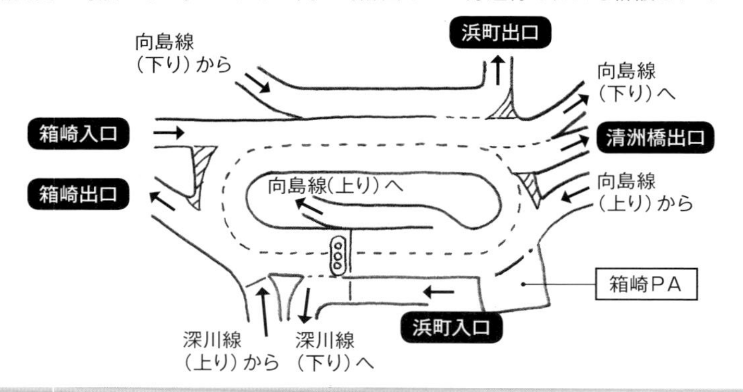

排水を地上に下ろすためのパイプが、桁や橋脚に沿う。

破線で囲んだ部分が、増設された深川線への連結路。既存の橋脚と一体にする形で、新たに橋脚を増設しているのがわかる（箱崎川第二公園付近）。

おすすめの鑑賞法

①交差点から対面して

水天宮通りのコンビニ前は、６本の橋梁をひとつのフレームに収められるスポット。ザ・箱崎という写真を撮りたければここ。

②歩道橋から見上げて

T-CATへとつづく歩道橋を上れば、橋梁をより間近に感じられる。背面のテクスチャや防音壁、細かなパーツをじっくりと鑑賞しよう。

③横断歩道付近から 橋脚群と向き合って

横断歩道付近に立てば、巨大な橋脚群が目の前に広がる。様々な角度から眺め、好みの構図を見つけよう。

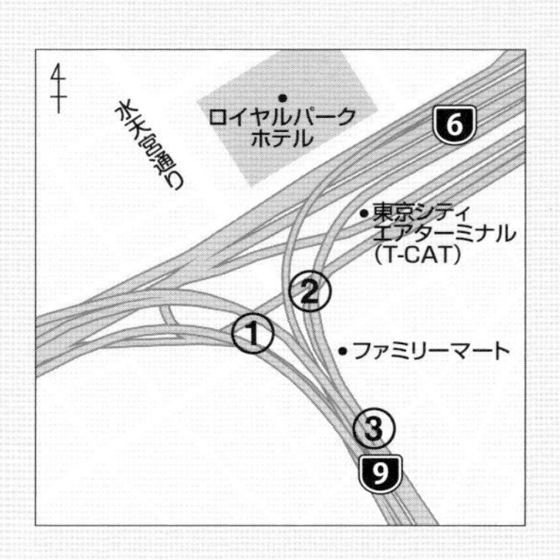

最上部は1994年からの工事で増設された向島線から深川線への連結路。この工事によって、より迫力ある姿になった。

出っ張っているのは道路照明が立っている部分。照明は、日の出・日の入り時刻に自動で点灯・消灯する。

縁端拡幅ブラケット

落橋防止システムのひとつ。このようなブラケットを設置することで、桁かかり長を拡幅し、地震の時の落橋を防ぐ。1980年に道路橋示方書（V耐震設計編）が制定され、こうした設備が整えられた。

武骨な桁が縦横無尽に夜空を駆ける

阿波座ジャンクション

DATA

〔所在地〕大阪府大阪市西区
〔形状〕ダイヤモンド型
〔接続〕阪神高速16号大阪港線、3号神戸線
〔供用開始〕1981年6月

道路の重なりに圧倒されるジャンクションマニアの聖地

阪神高速の阿波座ジャンクションと言えば、首都高の箱崎と並んで「ジャンクション夜景の聖地」とも呼ばれる有名な場所。両者に共通するのは圧倒的な重厚感。地上から見上げると、何層にも重なった道路が複雑に交差する様子を眼前に臨むことができる。

そんな超有名ジャンクションにもかかわらず、じつは近年まで正式名称が定まっていなかった。「阿波座ジャンクション」というのはファンや近隣住民からの通称でしかなく、地図上には記載がなかったのだ。阪神高速では、2018年6月に当時無名だった計10のジャンクションの名称を決定した。社外からの意見募集も行ったが、阿波座ジャンクションについては、満場一致の決定だったという。

近隣のビルから見た阿波座ジャンクション。上からだと、それほど複雑さは感じられない。

構造を知る

↓渋滞緩和目的の工事により複雑な交差ができあがった

大阪の玄関口のひとつでもある阿波座ジャンクションは、供用開始時はここまで複雑な構造ではなかった。1995年、環状線の渋滞を緩和する目的で西長堀（にしながほり）出入口を増設。この出入口をつくるにあたって、完成していた16号大阪港線の上段と下段に計4本の道路を通す必要があった。既存の橋脚や橋梁の間をぬって道路を新設した結果、現状の複雑な構造になったのだ。

こうした歴史もあり、高架下の交差点の中心部は地上から桁までの高さが9メートルほどしかない。重厚感のある8本の橋梁を地上からでも間近に感じられることこそ、阿波座ジャンクションの大きな魅力だ。

おすすめの鑑賞法

①阿波座駅7番出口付近から

一番下層の道路の分岐点が見られるポイント。縦横無尽に走る橋梁の重なり具合に圧倒される。

②阿波座駅4番出口付近から

①のスポット同様、こちらからも迫力満点の橋梁を鑑賞できる。都市部のジャンクションは角度によって印象がガラッと変わるので、自分のお気に入りの角度を見つけよう。

桁の色は府県によって異なる

阪神高速が管理する高速道路は、府県ごとに桁の色が異なっている。大阪府は緑、兵庫県は青、かつて阪神高速の管理路線だった旧・8号京都線（現・第二京阪道路）では紫の桁を採用し、各エリアごとの個性を印象づけている。

※京都線は2019年4月よりNEXCO西日本に移管され、第二京阪道路と名称を改めた。

あわせて見たい付近のジャンクション

西船場（にしせんば）ジャンクション

近隣のオリックス本町ビルの展望室からは全貌を鑑賞できる（平日のみ、22時まで）。新たな連結路の工事が進行中で、2019年度内に完了予定。

（写真提供：阪神高速道路株式会社）

DATA

〔所在地〕大阪市中央区、西区
〔形状〕ダイヤモンド型
〔接続〕阪神高速1号環状線、13号東大阪線、16号大阪港線
〔供用開始〕1970年3月
〔アクセス〕大阪メトロ本町駅から徒歩すぐ

東船場（ひがしせんば）ジャンクション

橋脚好きにおすすめなのはここ。複雑に張り巡らされた桁を支える橋脚を間近に鑑賞できる。

（写真提供：山本正和）

DATA

〔所在地〕大阪市中央区
〔形状〕ダイヤモンド型
〔接続〕阪神高速1号環状線、13号東大阪線
〔供用開始〕1970年3月
〔アクセス〕大阪メトロ堺筋本町駅から徒歩すぐ

ダイナミックな橋梁が弧を描く
天保山ジャンクション

西側（天保山出口側）にあるループの内側から。ループする橋梁を1枚の写真に収めるには、広角レンズが必要だ。

DATA

〔所在地〕
大阪府大阪市港区

〔形状〕
特殊型

〔接続〕
阪神高速４号湾岸線、
５号湾岸線、
16号大阪港線

〔供用開始〕
1991年9月

20年にも及ぶ超大型プロジェクト

日本一標高が低い山、天保山を見下ろすように建つ天保山ジャンクションは、大きなループ状の出入口を併設しているのが特徴だ。ダイナミックな構造を見に、昼夜多くのファンが訪れる。

1974年に4号湾岸線が開通。ジャンクションとして機能を始めたのは、1991年に5号湾岸線が開通してからだ。さらにその翌年には5号湾岸線と16号大阪港線が接続し、現在の形になった。5号湾岸線、16号大阪港線との接続は、1974年の4号湾岸線開通当初から計画されており、20年近くにわたる壮大なプロジェクトであったことがうかがえる。

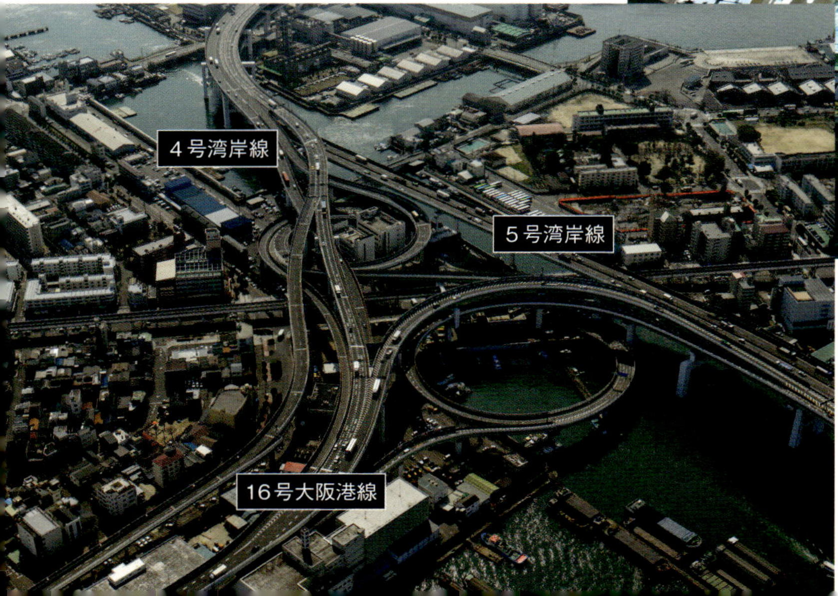

北側上空からジャンクションの全景を見たところ。2つのループと大阪港線の分岐は、鳥の顔（目とクチバシ）にも譬えられる。

（写真提供：阪神高速道路株式会社）

構造を知る

↓出入口がループになったダイナミックなジャンクション

ジャンクション自体はシンプルなY字の接続なのだが、出入口がループ状になっているため複雑な印象を受ける。このループは出口用、入口用と東西に2つ配置されていて、上空から見ると鳥の顔のように見えてかわいいというのも人気の理由だ。

西側（天保山出口側）のループは係船場の上にかかっているので、水面に映る道路の姿や、奥に見える天保山大橋（91ページ）もあわせて楽しむことができる。

建設時の仮称は「港晴ジャンクション」で、現在とは少し異なるルートが計画されており、その遺構が残る（左ページ参照）。

国道172号沿いの歩道橋は、分岐点を鑑賞するためのベストスポット。
（写真提供：尾幡佳徳）

大小さまざまな橋脚が立ち並ぶエリア。写真を右から左へ横切るのは大阪メトロ中央線の高架。鉄道と高速道路が立体交差するポイントでもあるのだ。

おすすめの鑑賞法

①千舟橋から間近に迫る橋脚を鑑賞する

みなと通にかかる千舟橋(ちふねはし)は、5号湾岸線の桁や橋脚を間近に鑑賞する絶好のスポット。

②歩道橋の上から視点を変えて

みなと通沿いには歩道橋がかかっているので、その分道路との距離も近くなる。高架と同じ目線で向き合える貴重なポイントだ。

③静浪橋から港大橋を振り返る

付近の橋というと天保山大橋に目がいきがちだが、大阪港線、湾岸線は港大橋(みなとおおはし)に続いている。天保山運河にかかる静浪橋(しずなみはし)からは、港大橋に接続する姿がよく見える。

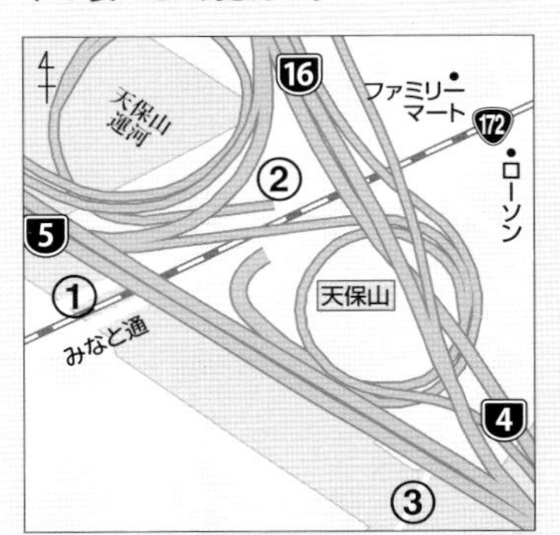

計画初期の遺構が見られる

16号大阪港線は、当初の計画とは異なるルートで完成したため、計画初期のルートの名残が見られる。丸で囲ったのは天保山出口付近に見られる遺構で、通称「イカの耳」と呼ばれる道路のつなぎ目部分。5号湾岸線の神戸方面からの出口がここへつながる予定だった。

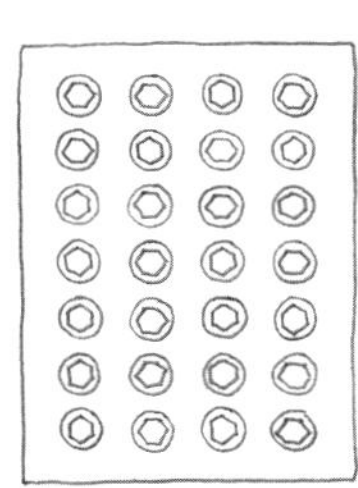

添接板

写真のように、桁や橋脚は「添接板」という鋼板で接合されている。多数のボルトが使用されており、ボルトが整然と並んでいる様を眺めているだけでも面白い。

この位置から見たとき、奥に見えるのが5号湾岸線の天保山大橋。全長640メートルの斜張橋は、大阪湾岸のランドマークだ。

ブルーの桁が闇夜に浮かび上がる

久御山ジャンクション

DATA

〔所在地〕京都府久世郡
久御山町

〔形状〕タービン型

〔接続〕第二京阪道路、
京滋バイパス

〔供用開始〕2003年3月

巨大な建造物の周辺はロケーションの宝庫

用地の制約がほとんどなく、ジャンクションとして理想的なタービン型でつくられた久御山ジャンクション。田園地帯に突如現れる巨大な橋脚群は、まるで古代の遺跡を思わせるような迫力がある。

2003年に供用を開始し、久御山町の新名所になった当ジャンクション。2003年公開の映画『踊る大捜査線』第2作では、「レインボーブリッジの代役」として撮影が行われたというのも有名なエピソードだ。

周囲の田んぼに水が入ると、桁や橋脚が水面に映りこむ。のどかな自然と人工建造物のコラボレーションともとれる、春限定の風景だ。また、高架下では国道1号のバイパスどうしが交差しており、昼夜を問わず交通量が多い。そのため、道路夜景の撮影スポットとしても人気を集めている。

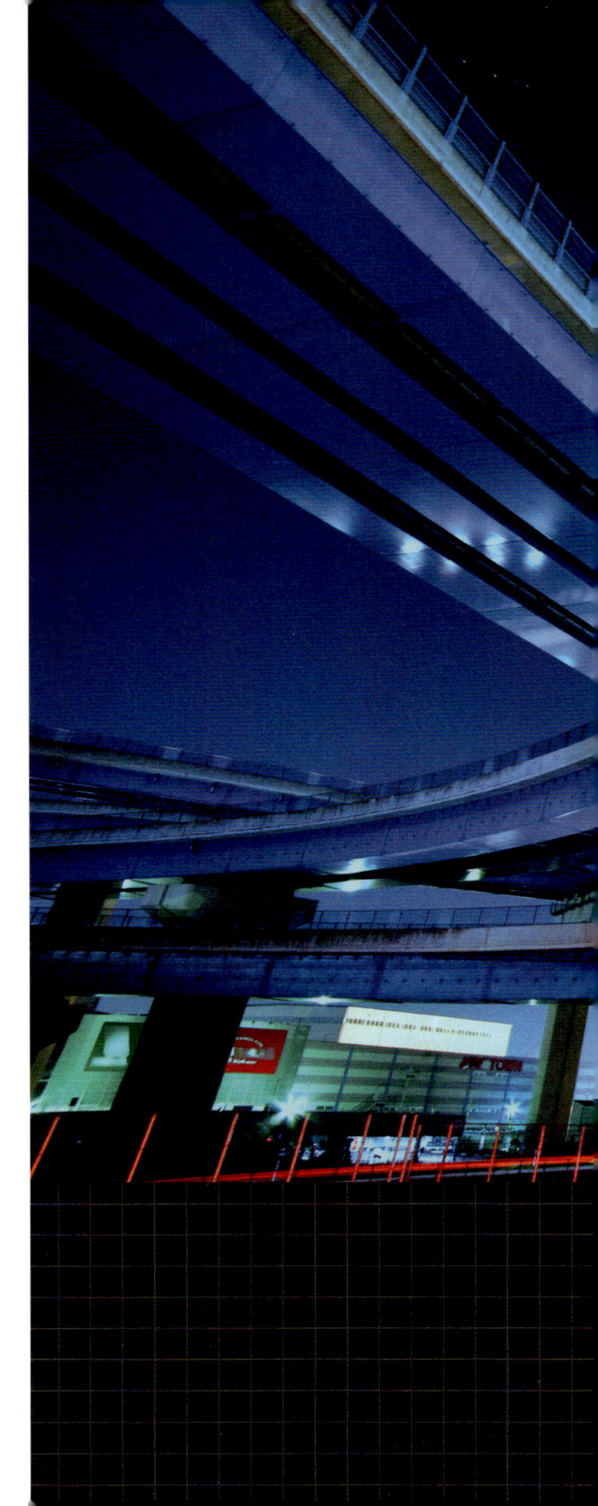

橋脚が高く、見上げ甲斐のあるジャンクションだ。

構造を知る

↓地上から鑑賞できる高架のタービン型ジャンクション

用地に恵まれた久御山ジャンクションは、ドライバーにとっても運転しやすいタービン型の構造を採用した。広い土地がある郊外では高速道路を高架にしないことが多いのだが、付近に河川があったこと、比較的居住区域に近かったことなどから高架構造になった。高架の下には、歩行者や自転車のための陸橋（大内横断歩道橋）が設けられていて、鑑賞にはうってつけである。

この陸橋も特徴的な構造で、長方形の四隅にループ状の昇降口が付属している。久御山ジャンクションの航空写真を見ると、陸橋の存在がよいアクセントになっているのがわかる。

落橋防止ケーブル

落橋防止システムのひとつで、隣どうしの桁をケーブル（ＰＣ鋼材）でつないでいる。ここで使用されているのはＰＣケーブルだが、チェーンや繊維材のタイプのものもある。

比較的新しいジャンクションであるため、デザイン性も考慮されているのが特徴。白い橋脚と青い桁のコントラストが美しい。統一感のあるコンクリートの橋脚が、さまざまな角度や高さでひしめき合う様は圧巻。

おすすめの鑑賞法

①真下の一般道から高さを感じる

久御山ジャンクションの高架で一番高いのは、京滋（けいじ）バイパスの本線部分。地上から見上げれば、橋脚の高さに圧倒されること間違いなし。

②歩道橋から橋脚を眺める

歩道橋に上ると、近くにある桁に目がいきがちだが、ここはぜひ乱立する橋脚にも注目してほしい。

③最終手段はドローン空撮

付近に高い建物がないため、どうしても自身で空撮したい場合はドローンを用いることになる。国土交通省や警察署、その他自治体などへの申請が必要になるので、必ず確認を。

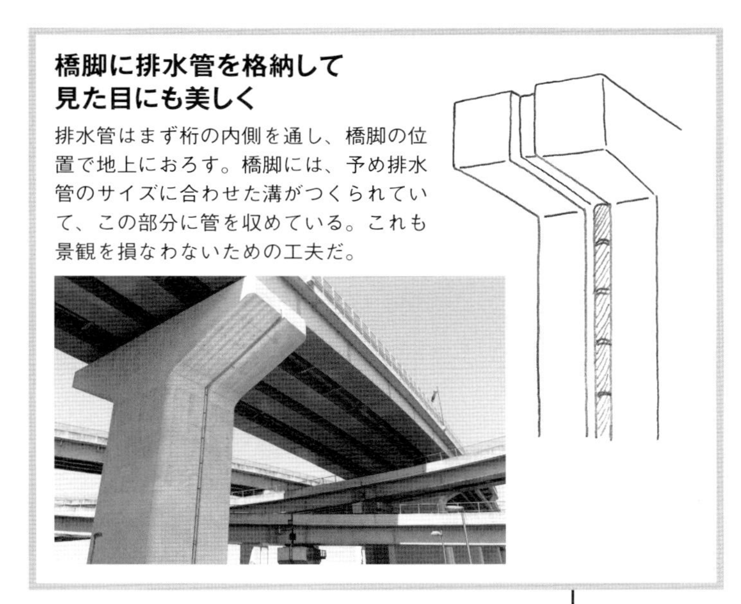

橋脚に排水管を格納して見た目にも美しく

排水管はまず桁の内側を通し、橋脚の位置で地上におろす。橋脚には、予め排水管のサイズに合わせた溝がつくられていて、この部分に管を収めている。これも景観を損なわないための工夫だ。

ジャンクションの大きな円の内側に見える、角丸の長方形に４つのループがついたような構造をしているのが大内横断歩道橋。

前代未聞!? 驚きの工法がつまった

両国ジャンクション

DATA

〔所在地〕
東京都墨田区

〔形状〕
特殊型

〔接続〕
首都高速6号向島線、7号小松川線

〔供用開始〕
1971年3月

3本の橋梁が隅田川の上にカーブを描く

ドライバーにとっては渋滞が多いエリアとして知られる両国(りょうごく)ジャンクション。2路線を接続するジャンクションなのだが、6号向島線の上り方面からは7号小松川線に接続していない。そのため、7号小松川線方面へは、この先の箱崎ロータリーを経由して進路変更することになる。

道路を走行する際はいささか不便に感じる急カーブも、鑑賞目的で見れば「美しい」の一言につきる。一部では緩やかに、また一部では急激にカーブしている橋梁は、まるで川の流れのようだ。

2019年現在、桁の塗り

桁下には整備された遊歩道が

隅田川の両沿岸には、遊歩道が整備されている。まるでジャンクションの鑑賞のためにあつらえたようなこの遊歩道、堀切ジャンクションにもほど近い、南千住エリアから勝どきエリアまでつづいている。水辺の散歩を兼ねてジャンクションを眺めるのもいいだろう。

替え工事も進められており、近いうちにさらに美しく生まれ変わった姿を見せてくれるだろう。

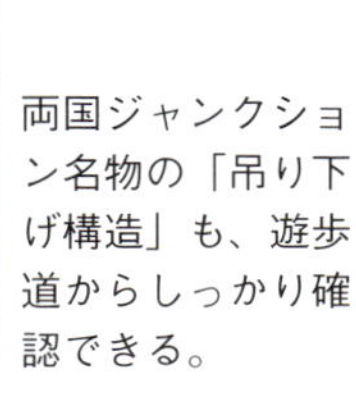

両国ジャンクション名物の「吊り下げ構造」も、遊歩道からしっかり確認できる。

構造を知る

↓制約だらけの用地問題をアイデアで打開

両国ジャンクションの建設時、絶対条件だったのが川の中に立てる各橋脚の間を85メートル以上あけること。これは、当時重要な交通網だった隅田川の航路を確保するためだ。さらに、竪川と隅田川の合流部分には水門があり、ここにも橋脚が建てられない。こうした条件下でとった苦肉の策が、桁から桁を吊り下げるという驚きの構造だった。

今までにない珍しい構造であったため、事前の試験も入念に行われた。模型を使った載荷試験、振動試験を繰り返し、完成後には20トントラックを使っての試験走行も実施。安全性が証明された上で供用となった。

建設当初はコーラルピンクに塗装されていた両国ジャンクション。2019年夏現在、塗り替えが行われており、ウォーターサイド・ブルーの桁に生まれ変わる予定。

吊り材に使われたのはレインボーブリッジのケーブル

吊り材として使用されているのは、一般的には吊り橋のケーブルに使用される素材。レインボーブリッジや関門橋などでも使用されている。ここで使用されている吊り材は直径75ミリほどで、1本あたり520トンもの重さに耐えられるものを1ヵ所4本、2ヵ所に設置している。

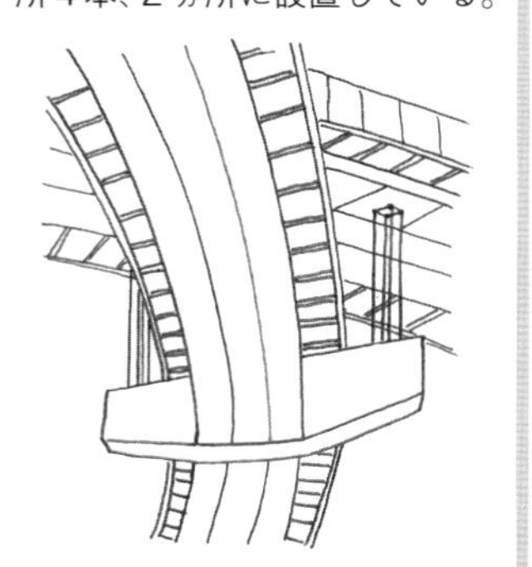

おすすめの鑑賞法

①まずは吊り下げ構造を真下から

隅田川は両沿岸が遊歩道になっている。まずは東側の遊歩道から、吊り下げ構造をじっくり鑑賞。このポイントからは、河川内の橋脚にも真っ直ぐ向き合える。

②水門を挟んで対岸からカーブに思いを馳せる

ジャンクションの曲線美を眺めるならここ。小松川線と向島線が、並んでカーブする姿が美しい。

③西側から全景を眺める

続いて川の対岸（西側）に渡って鑑賞。少し下流に下ってから振り返れば、S字状のカーブの全容が見えてくる。

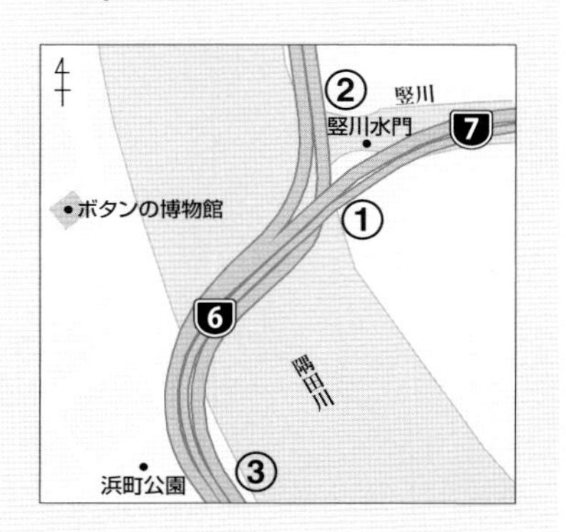

川を渡す距離は最短に

６号向島線は、隅田川の両サイドは川とほぼ平行に走っているが、ジャンクション部分は川を渡るためきつい角度で桁を渡している。これによって隅田川の対岸２ヵ所に大きなカーブが生じているのだが、河川上を通す距離をなるべく短くするための工夫なのだ。

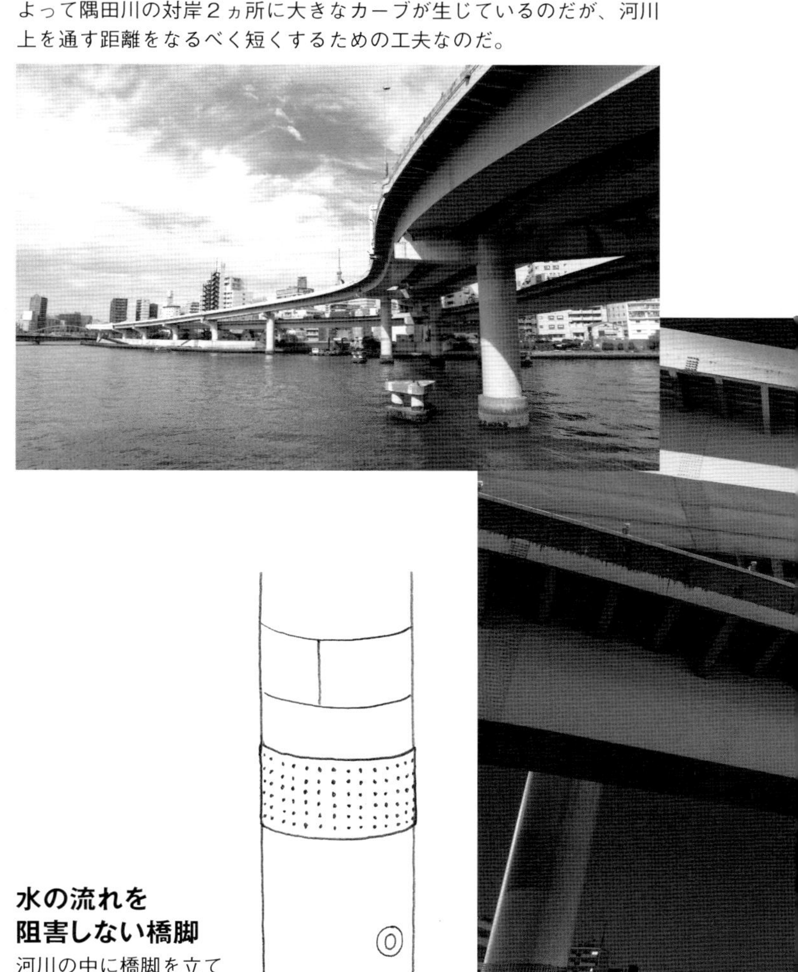

水の流れを阻害しない橋脚

河川の中に橋脚を立てる際は、水流の妨げになったり、障害物が引っかかったりしないよう、円形、もしくは小判形のものが使用される。ここで使用されている橋脚は円形で、直径は３メートル。

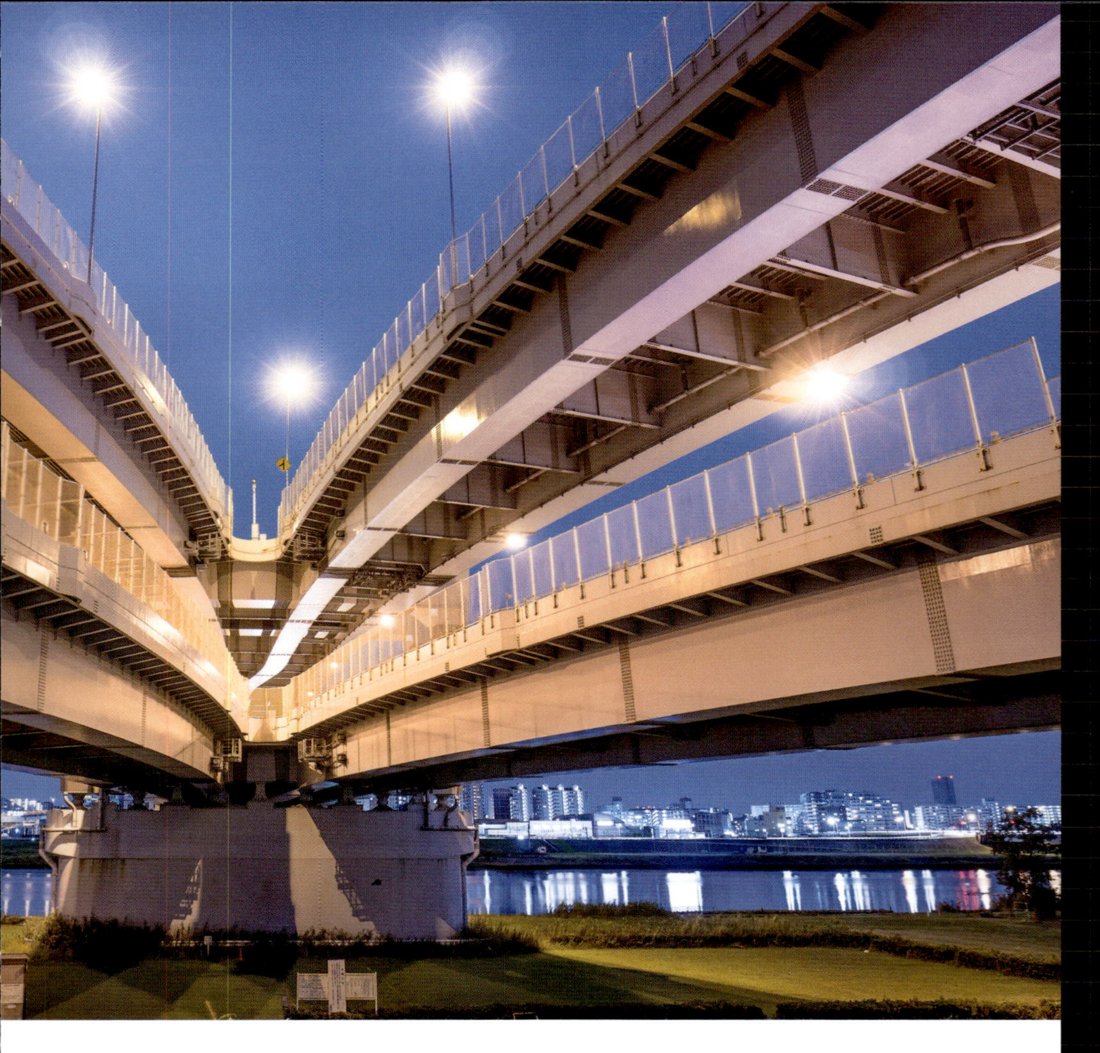

堀切ジャンクション

道路の分岐を間近で堪能できる

抜群のロケーションで分岐点を鑑賞

2本の川の上にかけられた堀切(ほりきり)ジャンクションは、桁下が緑地公園になっている。そのため周囲の建物に視界を遮られることなく、全景を鑑賞できるのだ。なかでも、分岐点の間近に立てるのが、このジャンクション最大の魅力と言えるだろう。左右に枝分かれする橋梁に対面すれば、あまりの迫力に圧倒されること間違いなしだ。

構造こそシンプルなジャンクションで、道路どうしが複雑に交差しているわけではないが、こうした抜群のロケーションが人気の秘密なのかもしれない。

DATA

〔所在地〕
東京都葛飾区

〔形状〕
トライアングル型

〔接続〕
首都高速6号向島線、中央環状線

〔供用開始〕
1982年3月

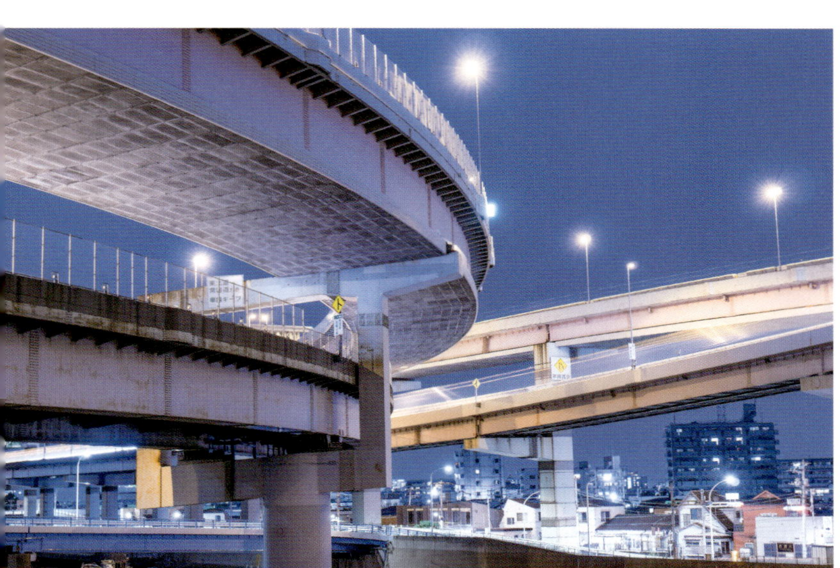

上部の梁がせり出したラケット型橋脚

写真はジャンクション北側のカーブを写したもので、上段は向島線上り方面、下段は向島線から中央環状線の小菅ジャンクション方面。２段構造の橋梁を支えるのは、ラケット型の橋脚。２本の道路は段違いの配置になっているため、ラケット上部の梁が左に大きくせり出した、特殊な形になっている。

土手部分では、橋脚にも限りなく近づける。橋脚の大きさを実感できるのが嬉しい。

綾瀬川にジャンクションが映り込む様子は絶景。

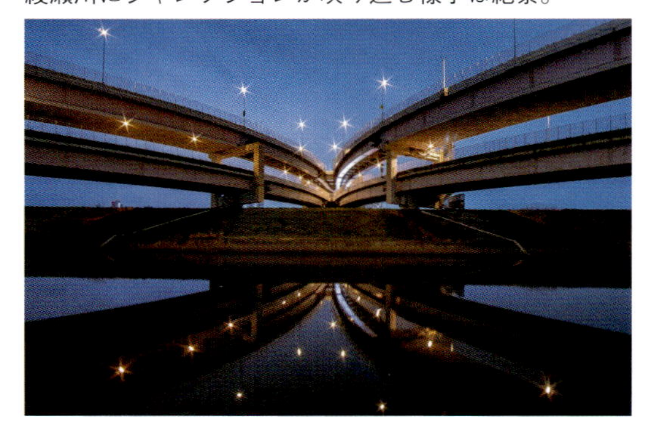

構造を知る

ドライバーの視界を遮らない工夫がされた2段構造

荒川と綾瀬川にかかる場所に位置する堀切ジャンクション。河川内の橋脚が通常よりも広めの100メートル間隔で建てられているため、本来ならば橋の構造は斜張橋やトラス橋、アーチ橋などの形式を用いるのが一般的だ。しかし、道路が分岐するジャンクション部分には、ドライバーの視線を遮るものはなるべくつくりたくない。そこで堀切ジャンクションは、オーソドックスな桁橋の2階建て構造をとった。橋脚の本数が限られる中、少しでも負荷を減らせるように、上下の桁の間にはV字橋脚が使用されている。

堀切ジャンクションには、建設時のカラーであるコーラルピンクと、塗り替え後のウォーターサイド・ブルーの桁が共存している。いずれはすべての桁がブルーに塗り替えられ、ピンクの桁は見られなくなるだろう。

おすすめの鑑賞法

①分岐点の間近から

分岐する地点の真下は土手になっているので、分岐点に正面から向き合うことができる。

②堀切小橋から桁に向き合って

綾瀬川にかかる堀切小橋（ほりきりこばし）は、橋脚や桁を間近に感じられるスポット。上下2段の構造と、ラケット型の橋脚をじっくり眺めよう。

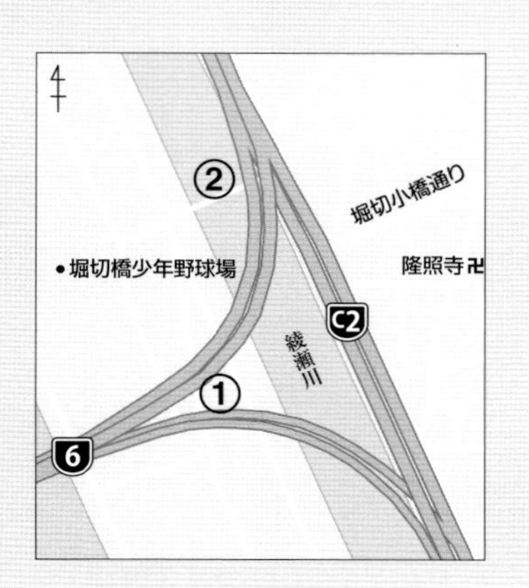

コラム 高速道路を支える橋脚

橋脚は、梁、柱、フーチング、基礎で構成されている。高速道路の場合、梁の上にまず荷重を吸収する支承が載り、その上に道路の桁を載せるのが一般的だ。橋脚には、主に鉄筋コンクリートが使われるが、高架が多い都市部の高速道路やジャンクション部分では、軽量で複雑な形にできる鋼製の橋脚が使用されることも多い。

橋脚にも様々な形状のものがあり、道路の荷重や地理的条件など、あらゆる面から最適だと思われる形が採用される。ここでは、高速道路の橋脚のなかでも代表的な6つの形状を紹介しよう。

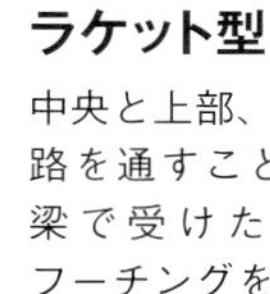

ラケット型

中央と上部、2ヵ所に道路を通すことができる。梁で受けた荷重は柱、フーチングを介して地盤に伝わっている。道路が多層になる都市部の高速道路でよく見られる構造。

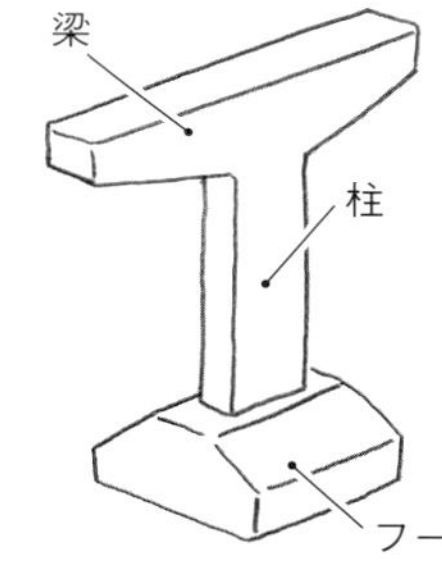

T型

上部構造からの荷重を梁で支持し、柱、フーチングを介して地盤に伝える構造。ジャンクション部では、円形の柱が使われることも多い。「柱式」と呼ばれることも。

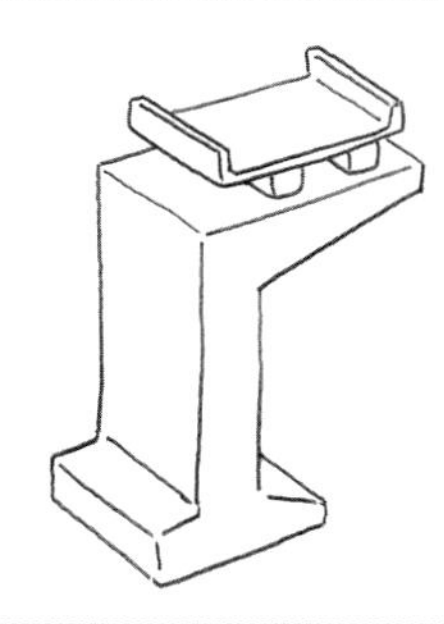

逆L型

曲線が多いジャンクション部などで多く見られる形。梁と柱の接合部に大きな荷重がかかるので、梁の厚みは接合部を最大に、先端に向かって薄くなっているものが多い。

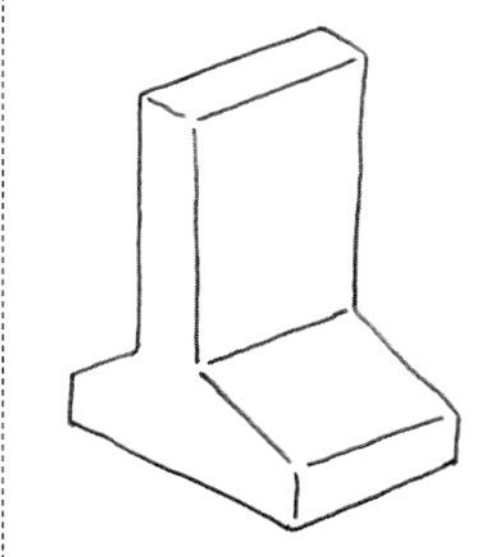

逆T型

「壁式」とも言われるオーソドックスなタイプの橋脚。上部の構造からの荷重を躯体で直接支持する。河川内に建てる場合は断面が小判形（楕円）のものが使用される。

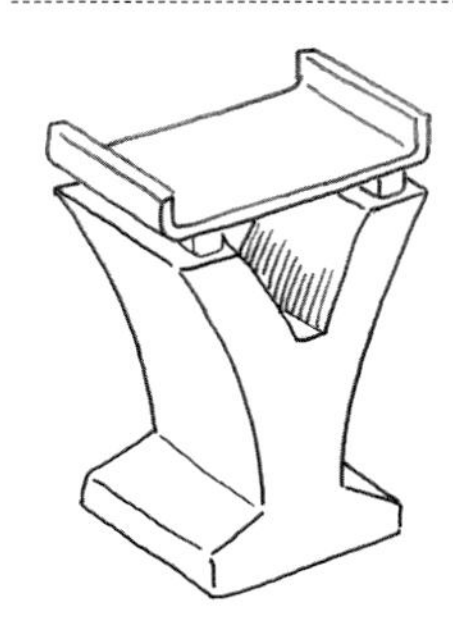

Y型

T型の橋脚に比べて見た目の印象がやわらかく、デザイン性に優れているため、都市高速の橋脚に適した構造。桁下の空間を有効活用できるというメリットもある。

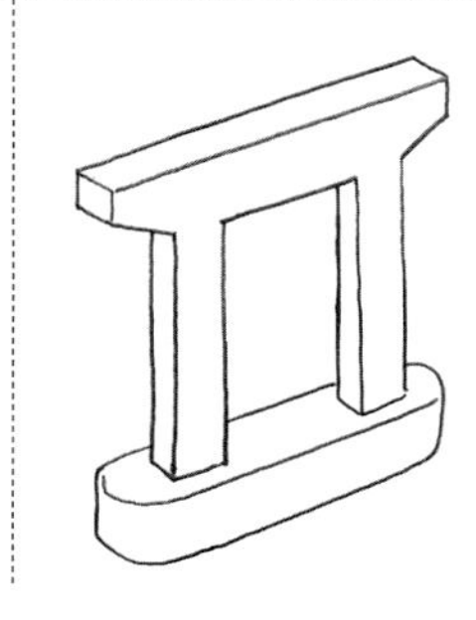

ラーメン型

柱と梁を剛結し、枠状にすることで変形を抑えた形。上部構造の幅が比較的大きい時に採用される。上下2段の道路などでは、多層ラーメン型が使用されることも。

曲線が美しい横浜の大動脈
大黒ジャンクション

DATA

〔所在地〕
神奈川県横浜市鶴見区
〔形状〕
特殊型
〔接続〕
首都高速湾岸線、
神奈川5号大黒線
〔供用開始〕
1994年12月

黄金の桁が流星のように行き交う

横浜ベイブリッジの北東、大黒ふ頭に位置する大黒ジャンクション。ジャンクションの連結路や大黒パーキングエリアへの出入口など、とにかくたくさんのループの組み合わせにより形づくられた、迫力あるジャンクションだ。

桁や橋脚は白で統一されており、昼間に見るとさわやかな印象を受ける。ところが夜になるとその表情は一変。ナトリウムランプに照らされ金色に変化した桁は、とたんに神々しさを増す。

金色の桁が行き交う様子は「流星」にも譬えられ、多くの人々を虜にしてきた。しか

晴れた日の昼間の大黒ジャンクション。夜とは全く印象が異なる。

し、近年首都高では道路照明のLED化が進められているため、大黒ジャンクションの黄金の輝きを見られるのも残りわずかかもしれない。

構造を知る

大小のループが重なり合う特殊な形状

大黒ふ頭にあるジャンクションで、首都高の中では比較的規模が大きい。スーパーカーが集うことで有名な大黒パーキングエリアが併設されており、ここからだと2段構造の橋梁のループを大パノラマで鑑賞できる。

首都高速湾岸線と大黒線が分岐するジャンクションだが、全方向において一度ループを経由する。

そのため、上空から見たときにどのタイプにも当てはまらない特殊な形状をしている。さらに、パーキングエリアへの出入口もループになっており、大小様々なループが重なり合って美しい。

吊りピースと呼ばれる、足場を吊るための金具。およそ1メートル間隔で取り付けられている。点検時や桁の塗り替えを行うときは、桁から足場を吊り下げての作業になる。

先細りになる橋脚

ベイブリッジに接続する部分の橋脚は、柱が先細りのデザインになっている。ベイブリッジの先細りの橋脚に合わせてデザインされたものだ。

横浜ベイブリッジ

おすすめの鑑賞法

①徒歩で外側を一周

一般道からアクセスした際は、好みの角度を探しながら、ジャンクションの外周を散歩しよう。圧倒的なスケールを体感できる。

②パーキングエリア内から曲線美を存分に堪能

様々な方向にカーブする橋梁はずっと眺めていられる。規模が大きいため、下から見ると全容がわからないミステリアスさもまた魅力。

③スカイウォークから同じ目線に立って

長年営業していなかったベイブリッジのスカイウォークが、2019年より特定日のみ営業を再開した。ジャンクションの手前に倉庫があり写真映えはしないが、ジャンクションと同レベルに立てる貴重な場所。

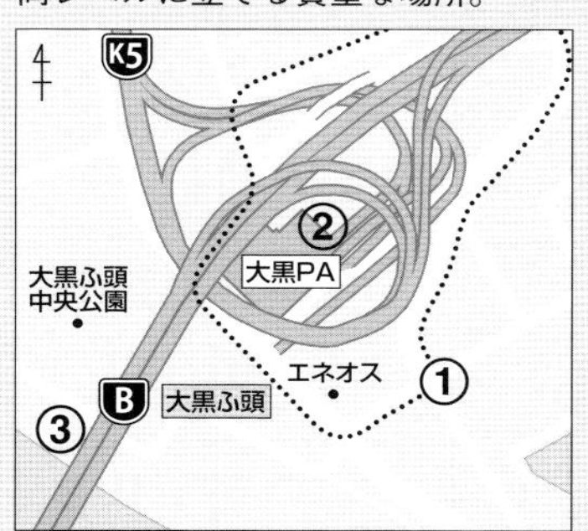

道路の背面も構造が異なっているのが面白い。この写真では、まっすぐ走る湾岸線本線は車線が多いため複数の箱桁が使用されている（多主箱桁）。背後に映るループ部分と比べると、印象が大きく変わる。

すき間が空いて見えるのは支承が入っているため

柱と梁の間には、支承が入っている。支承は、橋の上部工（桁など）の荷重を下部工（橋脚）に伝える役割を担っていて、特定方向に回転したり、水平に移動したりしながら、道路のたわみによって発生する「ずれ」を逃がしている。

静寂につつまれた幻想都市
りんくうジャンクション

DATA

〔所在地〕
大阪府泉佐野市

〔形状〕
Y字型

〔接続〕
阪神高速４号湾岸線、関西国際空港連絡橋、関西空港自動車道

〔供用開始〕
1994年4月

開放感あふれる「静」のジャンクション

関西国際空港の開港にあたってつくられた埋め立て地に立つりんくうジャンクション。1994年、関西空港自動車道と阪神高速4号湾岸線が接続し、供用を始めた。

十分な用地があるため、同じ大阪府の阿波座ジャンクションや北港ジャンクションなどのように、道路が複雑に重なり合っているわけではない。りんくうジャンクションの魅力は、特有の開放感だ。橋梁の緩やかな線形は、どこか厳かな印象を与える。

桁下は駐車場完備の公園になっており、遊歩道も整備されているため撮影は容易。また、ジャンクション北西部が海に面して開けているので、日の出前や日没直後の撮影もおすすめだ。空の色とともに躯体が青く染まり、幻想的な姿を見せてくれる。

りんくう公園内（関西空港自動車道よりも北側）の遊歩道から。高速道路と南海線、そして歩道が立体交差している。

駐車場付近から、鉄道と高速の桁を比較。右の関西空港自動車道の桁は鋼材の鈑桁（ばんげた）、左の南海線はコンクリート桁。

構造を知る

↓広い土地を活かしたY字型の接続

阪神高速4号湾岸線と、関西空港自動車道、スカイゲートブリッジRの名で親しまれる関西国際空港連絡橋を接続するジャンクションで、非常に美しいY字型をしている。周囲が公園として整備されているためか、橋脚や桁のデザインにも統一感があって、下から見ても非常に美しい。都市部のジャンクションのように、道路が何層にも重なるダイナミックさはないが、恵まれた用地をフル活用した緩やかなカーブの繊細さが見る者を惹きつける。

4号湾岸線の終点となるジャンクションで、以降の延伸計画はないが、本線を延伸する場合を考慮したと思われる「イカの耳」部分が見られる。

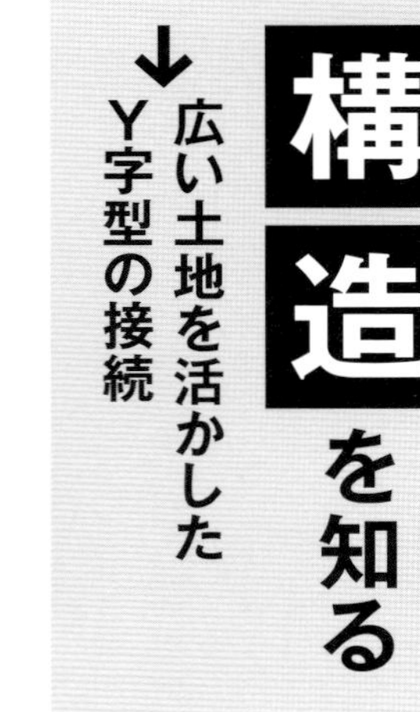

左右を横切る高架のうち、手前が関空道、奥が鉄道。

この辺りには遮音壁が設置されていないため、より洗練され、シャープな印象を受ける。

4号湾岸線から関西国際空港連絡橋へ

4号湾岸線から関空道（泉佐野IC方面）へ

関西空港自動車道と並行してJR線、南海線が走る

高速道路の本線に並行する形で走る鉄道の高架が、立体交差をより複雑なものにしている。さらに、りんくう公園の遊歩道が立体の歩道橋になっているため、ジャンクションのループの下に関空道本線と鉄道、その下に歩道橋、地上の一般道という4層の交差ができあがっている。

おすすめの鑑賞法

①りんくう公園の遊歩道から

公園内は遊歩道が整備されているので、ジャンクション鑑賞にはうってつけ。特に管理事務所の前あたりは人気の撮影スポット。

②駐車場の付近に立ち並ぶ橋脚に寄り添って

りんくう公園の駐車場付近には、武骨な橋脚が並んでいてひと味違った印象を味わえる。関空道は湾岸線に比べて桁も低いので、高架を間近に感じられるだろう。

③りんくうゲートタワービルでY字の形状を鑑賞

展望台が閉鎖中のため、ホテルかレストランからの鑑賞になるが、関西国際空港連絡橋へとつながるジャンクションの全景は一見の価値あり。

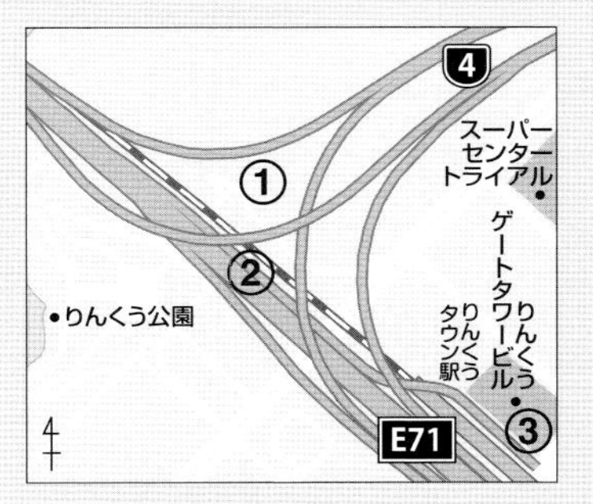

関空道の照明にも注目しよう

残念ながら下からの鑑賞ではわかりにくいのだが、関空道のりんくうジャンクション付近で使用されているY型の中央にワイヤーを張っているタイプの照明は、全国的にも数が少ない珍しい形状。関空道を走る機会があったら、ぜひ注目してほしい。

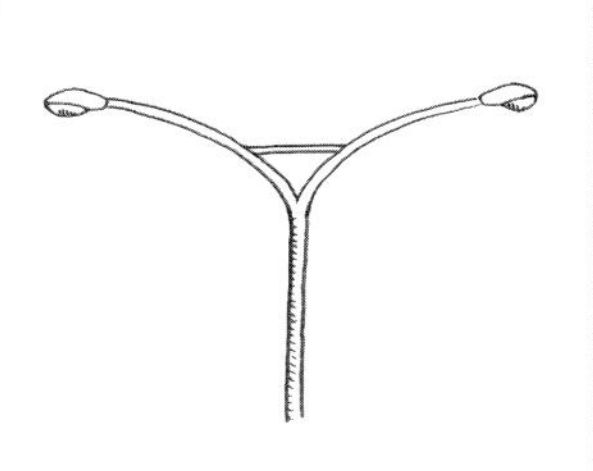

延伸計画の名残と思われるイカの耳

湾岸線の上り車線と下り車線の分岐付近には、道路の延伸を考慮したと思われる構造が残っている。1992年頃には湾岸線を南に延伸する構想が持ち上がっていたようだが、現在では湾岸線に延伸計画はない。（写真提供：国土地理院）

P52-53 見開き写真提供：尾幡佳徳

唯一無二のボックス型の橋脚を擁する

北港ジャンクション

DATA

〔所在地〕大阪府大阪市此花区
〔形状〕スタック型
〔接続〕阪神高速２号淀川左岸線、５号湾岸線
〔供用開始〕1994年4月

特徴的な橋脚のほかにも多くの見どころが

ボックス型の橋脚が目をひく北港ジャンクションは、1994年、阪神高速2号淀川左岸線が5号湾岸線と接続したことにより供用を開始した。北港ジャンクション最大の特徴は、鼓形をした連結路。この写真では少々見えづらいが、湾岸線の上下に鼓のような形をした連結路が設置されており、桁下の一般道も合わせれば計5層という構造だ。このように、同じ高さで接続する鼓形の連結路が2層重なるジャンクションは非常に珍しい。

ボックス型の橋脚は、ファンの多い工場夜景を彷彿とさせ、特に写真家からは強く支持されている。最寄り駅から距離があるにもかかわらず、多くの写真愛好家が集まるのは、当ジャンクションのほかに、此花大橋や橋へのスロープなど、被写体になる場所が多いからかもしれない。

此花大橋東詰に位置する、歩行者用のスロープ。螺旋構造が特徴的で写真映えする。

構造を知る

↓日本では非常に珍しいスタック型の多層構造

海外では「スタック型」と呼ばれる形状で、別の路線への連結路が同じ高さで分合流している。高架道路が4層重なっている多層構造で、このうち最上段（4段目）と2段目の連結路が鼓形をしており、2つの鼓がちょうどクロスする形状。東名道と伊勢湾岸道をつなぐ豊田（とよた）ジャンクションなども同様のスタック型をしているが、このように鼓が上下2段に配置されたジャンクションは全国的にも珍しい。

さらに、4層の立体交差部分の橋脚は立体ラーメン構造のボックス型。用地が限られた中で、なるべく小規模にジャンクションをつくろうとした結果、このような構造に至ったのだ。他に類を見ないユニークな橋脚も魅力のひとつ。

2号淀川左岸線
1994年に、北港ジャンクションから島屋出入口までの1.3キロほどの区間が開通。その後、2013年には海老江ジャンクションまで延伸し、湾岸線からも淀川左岸線を通って神戸線にアクセスできるようになった。

上空から見ると、鼓形の最上部がよくわかる。

おすすめの鑑賞法

①ボックス型の橋脚に正面から向き合って

北港ジャンクションと言えばこの姿（54ページ）。まずは王道のポイントから雄姿を目に焼き付けよう。

②重なり合う道路を真下から楽しむ

高架道路が4層、地上の一般道も含めれば5層の立体交差は伊達ではない。視界いっぱいに広がる道路の重なりを心ゆくまで満喫。

③此花大橋の螺旋スロープへ

此花大橋の東詰のスロープは、特殊な螺旋構造になっている。ジャンクションの直接の設備ではないが、ぜひここもチェックしてほしい。

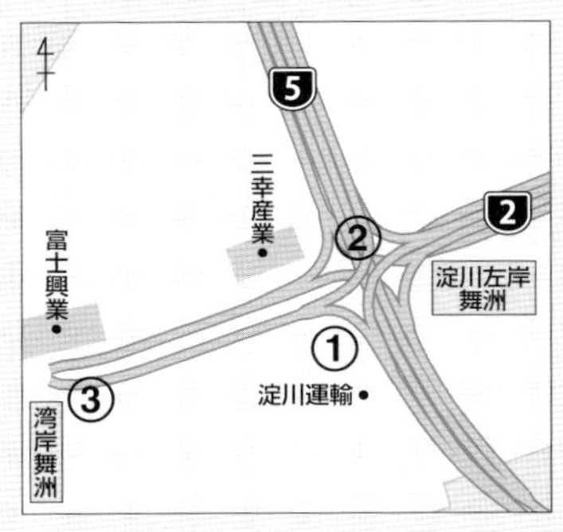

丸で囲っているのは、隅角部を補強している箇所。こうした補強設備や落橋防止装置などが、基準が見直される度に取り付けられてきた。

5号湾岸線

1991年に南港ジャンクションから中島出入口間が開通。北港ジャンクションはその中間地点に位置する。1994年に開通した淀川左岸線と接続したことで供用を開始した。

縦横無尽に行き交う道路を絶妙なバランスで支える橋脚。

江北ジャンクション

桜の名所でもある東京の北の玄関口

時間によって表情を変える色気のある桁に注目

東京都内の最北に位置する江北(こうほく)ジャンクションは、中央環状線が荒川にかかる五色桜(ごしきざくら)大橋(おおはし)の先で左右に分岐し、川口線に接続している。周辺の荒川の土手は桜の名所でもあり、春には満開の桜とジャンクションをいっしょに鑑賞できる。環境と調和した道路とは、こんな場所のことを言うのかもしれない。

河川上の桁はブルーだが、夕暮れ時には西日を受けて、紫色に変化して見える。後方に見える五色桜大橋のアーチもライトアップされ、実に幻想的な光景だ。

DATA

〔所在地〕
東京都足立区

〔形状〕
トライアングル型

〔接続〕
首都高速中央環状線、
川口線

〔供用開始〕
2002年12月

ジャンクションの北側の土手から。左奥に見える道路は川口線から中央環状線への接続部分で、建設当初のコーラルピンクの桁が残っている。

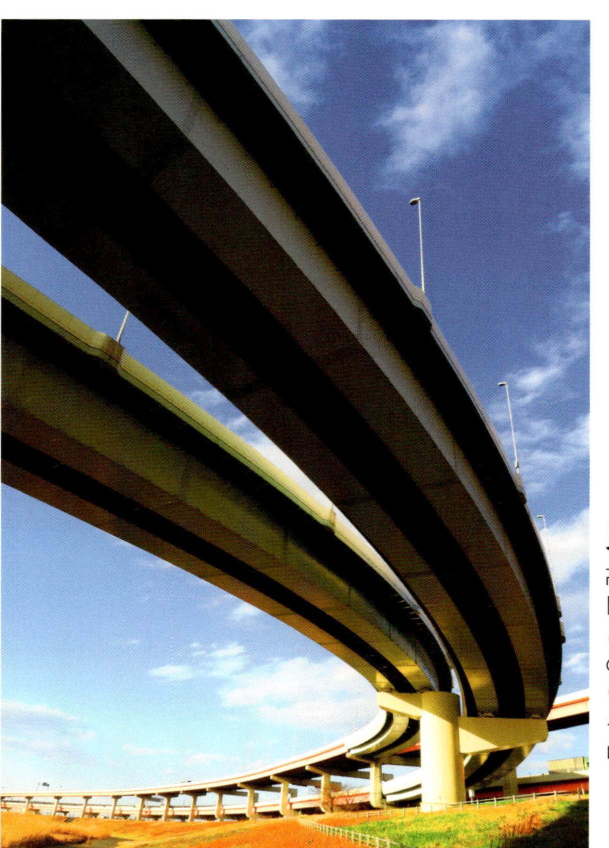

見た目にも美しいクロソイド曲線

高速道路のジャンクションのカーブには、しばしば「クロソイド曲線」が使用される。クロソイド曲線とは、車の速度を一定とし、さらにハンドルを一定の角速度で回したときに車が描く軌跡のこと。つまり、カーブを走行する車が無理なくハンドルを切れる曲線ということになる。円よりも緩やかなこのクロソイド曲線と、一定の間隔で立つ橋脚が美しい。

構造を知る

↓景観にもこだわった特徴的な橋脚

コンクリートの橋脚も鉢のような変わった形をしている。コンクリートを流し込む枠を組む際、こうした曲線的なデザインは非常に難しく、高い技術を要する。それだけ景観への意識がうかがえる。

上り車線と下り車線が2層になったジャンクション。中央環状線の五色桜大橋以西は、内回り車線の真下が外回り車線という構造だが、荒川以東は左右にずれた2層構造になっている。

江北ジャンクションは、周囲に視界を遮るものが少なく人目につきやすい。こうした「視点場」になる場所では、構造に意匠的な配慮もされていて、デザイン性に富んだ橋脚が見られる。上の写真のラケット型の橋脚は、印象を柔らかくするため角を丸く落としている。こうしたこだわりも高架が多い都市高速ならではだ。

おすすめの鑑賞法

①荒川の土手から分岐点を鑑賞

上下２段、計４本の橋梁が枝分かれして迫り来る様は見事。視界を遮るものがないので、ストレスなく鑑賞・撮影ができる。

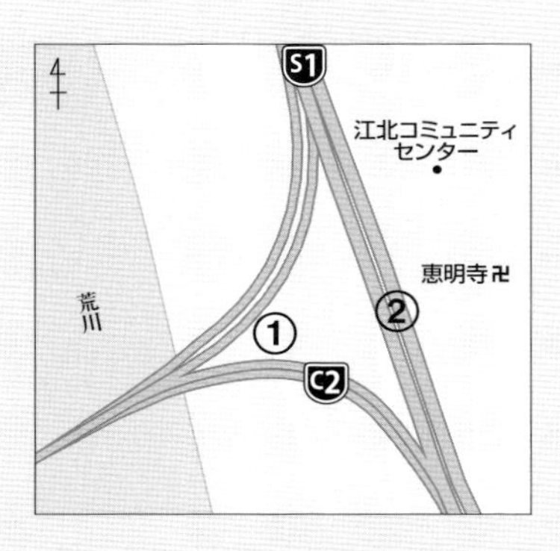

②江北二丁目交差点付近から橋脚を眺める

このあたりでは、左右にずれた段違いの橋梁を支えるため特殊な形状をした橋脚がいくつも見られる。

コラム

高速道路の歴史

オリンピックの誘致がきっかけで急ピッチで建設が進んだ首都高

1935年、ドイツのアウトバーンの一部区間が開通すると、これに刺激を受け日本でも高速道路の構想が議論されるようになった。

本格的に設計が始まったのは高度経済成長期に入ってからで、とくに東京では、オリンピックの開催に向けて選手団や観光客を空港から会場へと輸送するための道路の建設が急ピッチで進められた。1962年には、京橋〜芝浦間の4・5キロが開通。徐々に開通区間を増やし、2年後には羽田空港と選手村がつながった。オリンピック関連の全区間が開通したのは、なんと開会式の9日前だったという。

国道としての高速道路の誕生

日本初の高速自動車国道は名神高速道路。1963年、栗東ICと尼崎IC間の約70キロで供用が始まった。2年後には小牧IC〜一宮IC間が開通し、全線で供用を開始。これまで5〜6時間はかかっていた名古屋〜阪神地域の移動が2時間ほどに短縮された。

日本初のジャンクション

1971年、新空港自動車道として宮野木(みやのぎ)JCT〜富里IC間が開通。日本で最初のジャンクションが誕生した(それ以前に供用していた首都高のジャンクションは、当時インターチェンジと呼ばれていた)。ただし、1971年当時はまだ湾岸方面は未開通で、東京方面と成田方面を接続するのみだったことから、日本初のジャンクションは1972年に供用を開始した小牧(こまき)ジャンクション(東名高速道路と中央自動車道を接続)だとする場合もある。こうして「ジャンクション」という呼称が、少しずつ周知されるようになった。

宮野木ジャンクション(千葉県)

白い桁が横浜の空を駆ける

生麦ジャンクション

新たな分岐の完成でより形状が複雑に

1989年に、横羽線と大黒線が接続したことにより供用が始まった生麦（なまむぎ）ジャンクション。当初はY字型のシンプルな形状であったが、2017年に横浜北線と接続したことで新たな分岐ができ、特殊型に。また、その5年前には生麦入口をループ化。こうした数度にわたる増設工事で複雑な形状になっている。

写真左上から接続するのが横浜北線。

DATA

〔所在地〕
神奈川県横浜市鶴見区

〔形状〕
特殊型

〔接続〕
首都高速神奈川1号横羽線、神奈川5号大黒線、神奈川7号横浜北線

〔供用開始〕
1989年9月

箱桁

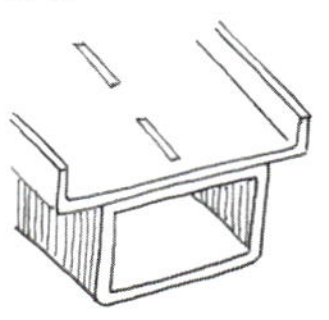

鈑桁

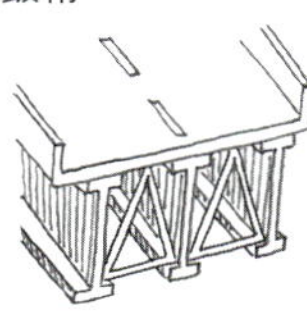

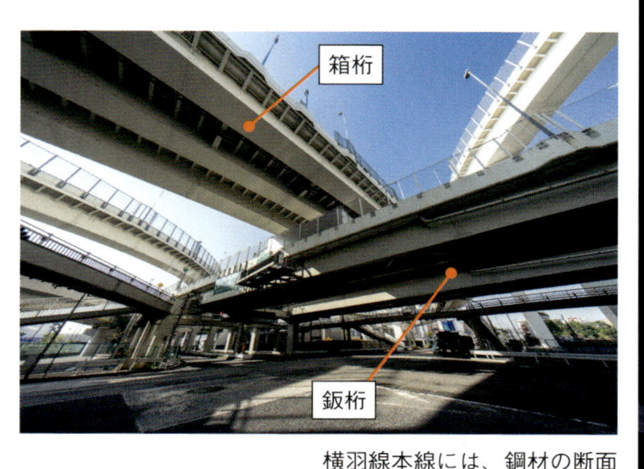

横羽線本線には、鋼材の断面がI形の鈑桁が使用されている。一方、横羽線のすぐ上を交差する横浜北線からの連結路や、その他の周囲の道路には鋼材を箱型に組んだ箱桁が使用されているのがわかる。箱桁のほうがねじりに強いので、ジャンクションなどの曲線部分に多く使われる。

安全と景観に配慮した遮音壁

新設された横浜北線は、見た目の印象にもこだわっている。桁下には県道6号線や旧東海道が通る視点場でもあるため、なるべくすっきりとした印象になるよう、デザインも工夫された。また、遮音壁には透光板を採用するなど、曲線が続くジャンクション部でも走りやすいよう配慮されている。

おすすめの鑑賞法

①生麦ランプ入口の交差点から

複雑な立体交差を最も実感できる場所。交差点の四つ角それぞれから見上げてみよう。

②歩道橋から付属設備を眺める

交差点には歩道橋がかけられている。桁をより近くで鑑賞できるのはもちろん、電光掲示板や案内標識などを目の前で見られるのも嬉しい。

世界中を驚かせた技術の結晶

江戸橋ジャンクション

DATA

〔所在地〕
東京都中央区

〔形状〕
Y字型

〔接続〕
首都高速都心環状線、
1号上野線、
6号向島線

〔供用開始〕
1963年12月

高い架橋技術を示した河川上のジャンクション

　1964年の東京オリンピック直前に完成した江戸橋（えどばし）ジャンクション。建物の間をぬって走る3層の道路は、当時多くの人の関心を集めた。

　そもそも、河川上に多層構造のジャンクションをつくるという前例がなかったこの時代。そんな中、日本橋川の航路を確保するために橋脚の本数を計画の3分の1まで減らさなければならないという難題に直面した。協議の結果、当時は珍しかった立体ラーメン構造を採用することに。これは、橋脚の柱と梁と桁を剛結させることで、鉛直方向、水平方向のどちらの荷重にも

橋桁がかけられたところ。部材はすべて船で建設現場まで運ばれた。この上に道路の床版が載る。
（写真提供：首都高速道路株式会社）

開通時（1964年）

箱崎方面が接続したところ

ジャンクションの西側、江戸橋から日本橋方面を見たところ。橋脚の梁が柱に剛結され、一体になっているのがわかる。

強くなる構造だ。

部材はすべて工場で製作していたにもかかわらず、現場では寸分の狂いもなくぴったり接続。曲線だらけの道路を誤差なくつないだ高い架橋技術に、世界中が驚かされた。

おすすめの鑑賞法

①全景を見るなら船からが一番

残念ながら分岐点の正面にはビルが建っているのだが、船からなら全景を見ることができる。日本橋川にかかる橋もあわせて見学しよう。

②兜神社（かぶとじんじゃ）裏の路地から

神社の裏手からは、カーブする桁と橋脚がよく見える。

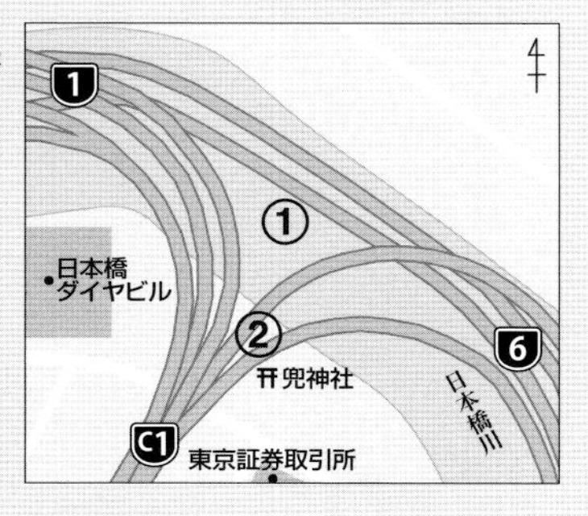

ふ頭に佇む古き良き交差点

浜崎橋ジャンクション

昔ながらの道路の姿を現在に残している

１９６４年、都心環状線の浜崎橋（はまざきばし）ジャンクション～芝公園出入口までが開通し、羽田線と接続したことで供用が始まった、首都高創設期のジャンクションのひとつ。桁や橋脚に付属パーツが多く、一見雑多な印象を受けるが、これも古き良きジャンクションの姿。これらの設備にも安全のための工夫がつまっている。

台場線、羽田線からの交通が集中する場所なので、高速道路自体も渋滞が多い。桁下の道路も比較的交通量が多いのだが、夜景写真を撮るうえでは車の光跡を狙いやすいというメリットもある。

DATA

〔所在地〕
東京都港区

〔形状〕
Ｙ字型

〔接続〕
首都高速都心環状線、１号羽田線

〔供用開始〕
1964年10月

おすすめの鑑賞法

①浜崎橋から分岐点を鑑賞

海岸通りにかかる浜崎橋に立って分岐点を鑑賞。都心環状線が左右に分岐する様をじっくり眺めよう。屋形船が停泊しているのもこのあたり。

②東京ガス前交差点付近から橋梁を見上げてみる

交差点付近からは３本の橋梁を一度に鑑賞できる。使用されているのは一般的な鈑桁だが、背面のテクスチャが微妙に異なっていて面白い。

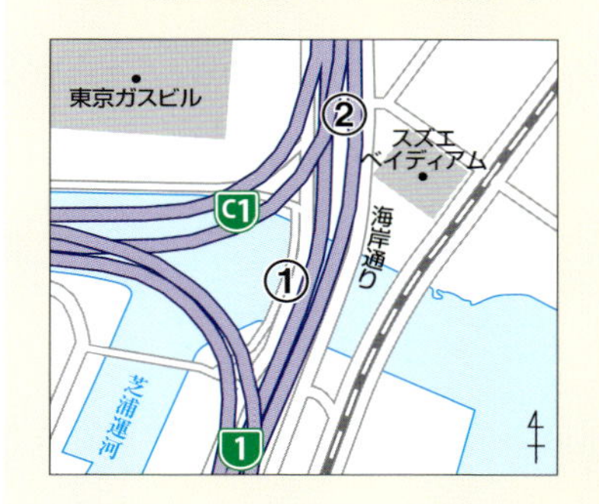

隅角部に補強パーツが

橋脚の隅角部を見ると、三角形のパーツ（図１）が取り付けてあるのがわかる。これは、疲労損傷が多い隅角部を補強するためのパーツで、古い橋脚によく見られるもの。近年では予め隅角部が補強された橋脚（図２）が使用されている。

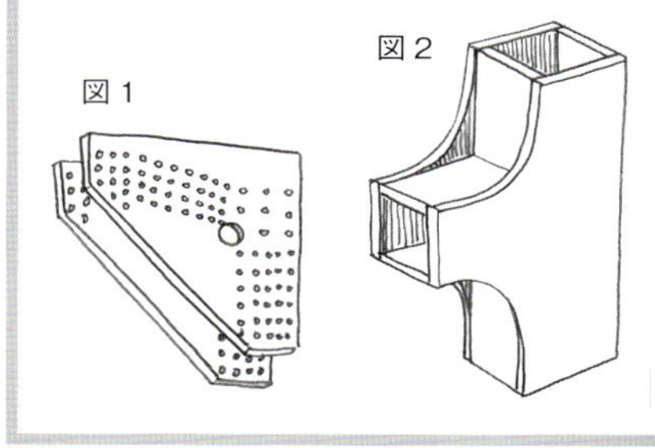

竹芝運河の橋脚の合間は屋形船の係船場になっている。

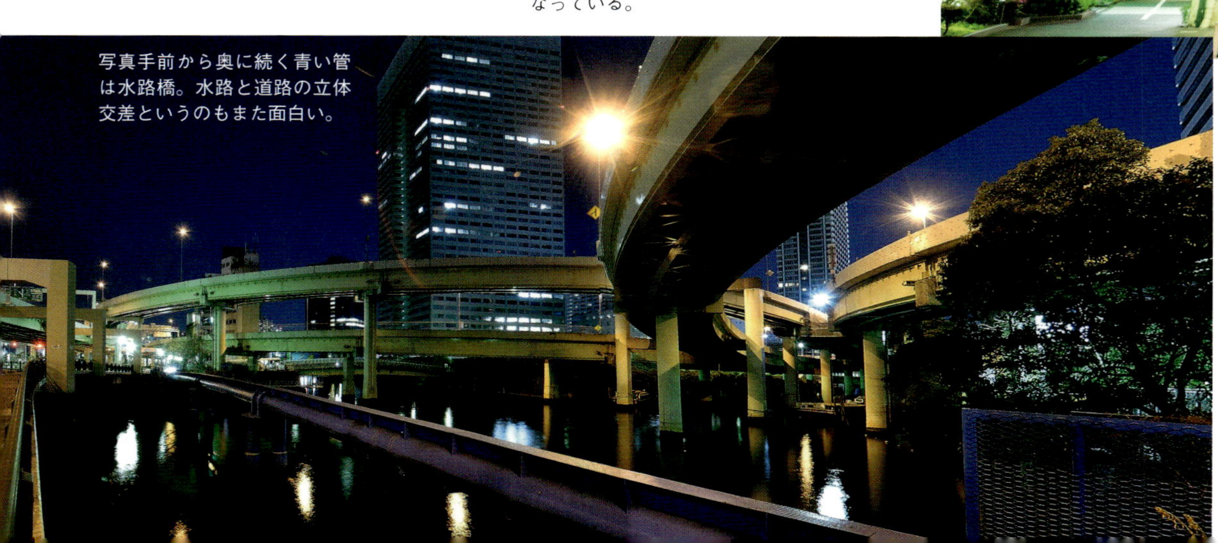
写真手前から奥に続く青い管は水路橋。水路と道路の立体交差というのもまた面白い。

巨大な橋脚群はまるで神殿のよう

久喜白岡ジャンクション

DATA

〔所在地〕
埼玉県久喜市
〔形状〕
クローバー型
〔接続〕
首都圏中央連絡自動車道、東北自動車道
〔供用開始〕
2011年5月

南側のみループする不完全型クローバー

埼玉県久喜市と白岡市の境に位置し、人だけでなく物流ネットワークの形成にも一役買っている久喜白岡（くきしらおか）ジャンクション。２０１１年供用開始と新しいだけあって、塗装されたばかりの桁は輝かんばかりだ。秋には周囲の田園が黄金色に色づき、地上の黄、橋脚の白、桁の緑、そして空の青という4色のコントラストが非常に美しい。最寄りの新白岡駅から徒歩だと30分ほどかかってしまうが、この光景は一見の価値がある。

形状はクローバー型に分類されるが、少し特殊で、ループしているのは南側の２ヵ所のみ。圏央道のつくば方面から東北道宇都宮方面への分岐と、東北道の宇都宮方面から圏央道鶴ヶ島方面への分岐がループを描いている。

桁に沿って点検路が設けられている。近接目視の法定点検が義務化されているため、最低でも5年に1度はすべての設備を点検することになる。

備前堀川沿いから圏央道の鶴ヶ島方面を見たところ。等間隔で橋脚が並ぶ様子も絵になる。

おすすめの鑑賞法

①川の土手から橋脚に対面

東北道は盛り土になっているので、橋脚を鑑賞したければ圏央道やループ部分がおすすめ。桁下を流れる備前堀川沿いを歩きながら、ベストビューを見つけよう。

②桁の裏面をじっくり眺める

圏央道の橋脚が比較的低い場所。桁との距離が近い分、背面の設備が鑑賞しやすい。点検路もしっかり目視できる。

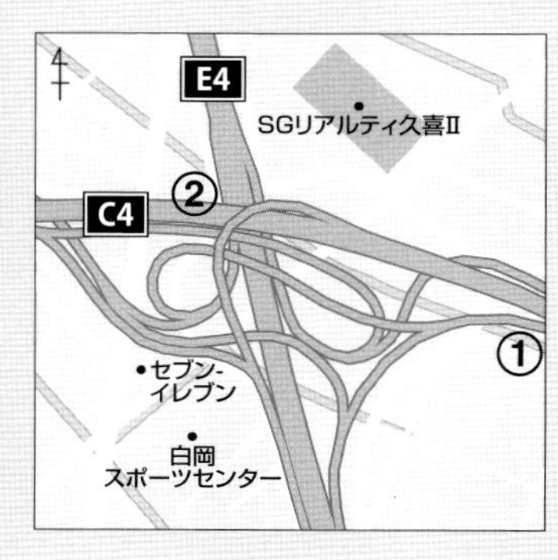

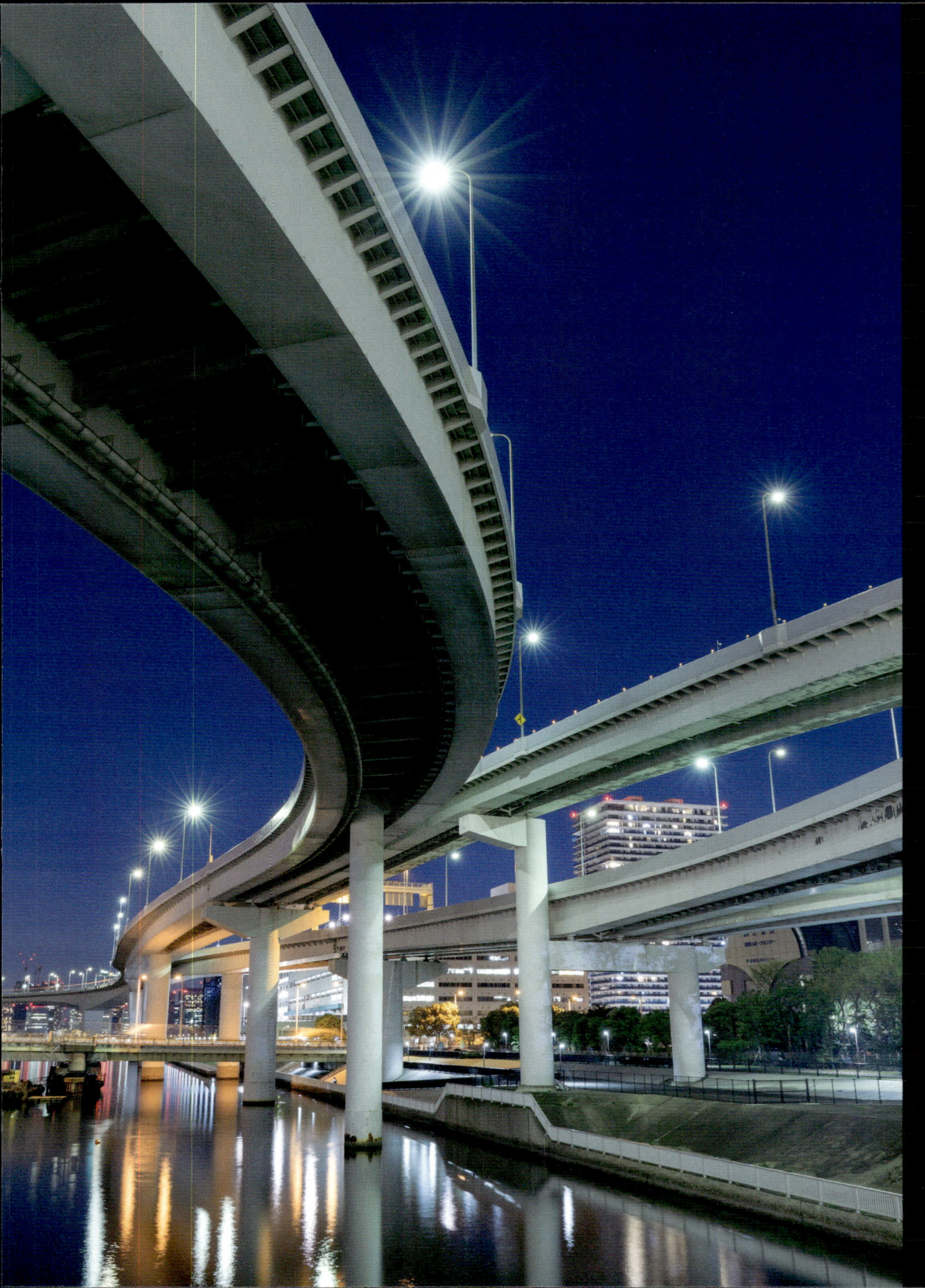

有明ジャンクション

水辺に佇む可憐な大和撫子

DATA

〔所在地〕
東京都江東区、港区
〔形状〕
Ｙ字型
〔接続〕
首都高速湾岸線、
11号台場線
〔供用開始〕
1993年8月

ひかえめで大人しい曲線美がクセになる

首都高湾岸線と11号台場線を接続する有明ジャンクション。形状はシンプルなY字型で、華やかなお台場エリアに位置しているにもかかわらず、自己主張しない、慎ましやかな桁や橋脚にいじらしさを感じる。駅や商業施設からほど近い割にジャンクション付近は人も少なく、落ち着いて鑑賞できるのも嬉しい。

湾岸道路と並行してかかる新都橋は、歩道の桁と車道の桁とが分かれているため、撮影中に大きな車が通っても振動でブレる心配がない。そこからさらに北ののぞみ橋からだと、パレットタウンの観覧車に向かってカーブしていく道路の曲線が壮観だ。

構造物にはすべて管理番号が

橋脚や橋の継ぎ目に設置するジョイント、照明ポールに至るまで、高速道路の構造物はすべて番号で管理されている。各路線の起点から順に番号がつけられていて、 右写真の橋脚の「台-117」は、台場線の起点から117本目の橋脚を意味する。補修や点検の際に役立つのはもちろんだが、高速道路上で事故があったときなどは照明ポールを使用し、「○○線の○番ポール付近で」と、場所を伝えることもある。

おすすめの鑑賞法

①遊歩道を散歩しながら

ジャンクションの東側には遊歩道が整備されていて、高架に沿って散歩することができる。水辺ならではの、水面への映り込みも美しい。

②橋の上から桁を鑑賞

湾岸道路と並行して、のぞみ橋、新都橋、有明橋、青海橋、夢の大橋と様々な橋がかかっている。それぞれの橋から見た高速道路は少しずつ表情が異なり、見ていて飽きない。

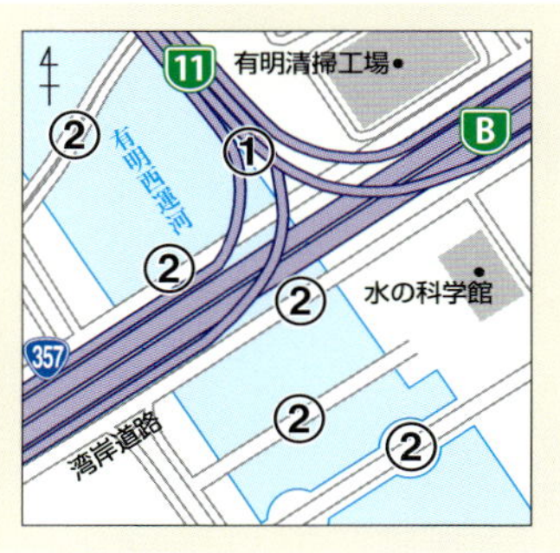

東雲ジャンクション

晴海線を背負う首都高のニューフェイス

臨海副都心に建つ開放的なジャンクション

首都高の中では比較的新しい東雲（しののめ）ジャンクション。同じく湾岸エリアにある辰巳（たつみ）ジャンクション、有明ジャンクションのちょうど中間地点に位置する。湾岸線の本線が有明通り（都道３０４号）の下を通っているため、一般道から高速道路を「見下ろす」ことができる場所でもある。

都内のジャンクションながら周辺に高い建造物が少なく、また、湾岸線に並行する形で湾岸道路が走っているので車線数が非常に多い。そのため開放的でのびのびとした印象が強く、現代っ子らしい側面が垣間見える。

DATA

〔所在地〕
東京都江東区

〔形状〕
Y字型

〔接続〕
首都高速湾岸線、10号晴海線

〔供用開始〕
2009年2月

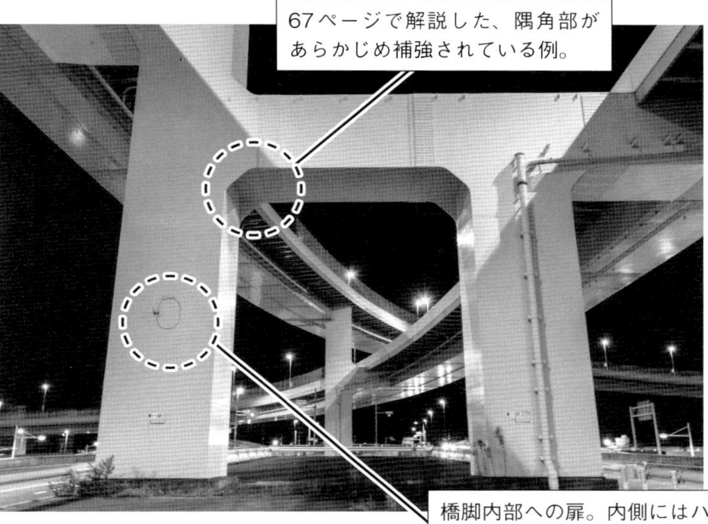

67ページで解説した、隅角部があらかじめ補強されている例。

橋脚内部への扉。内側にはハシゴがついていて、すべての橋脚が内側からも点検できるようになっている。

ジャンクションの北にある、かえつ学園西交差点から。晴海線の非常階段が螺旋構造になっている。

2018年に10号晴海線が延伸したことで、利用者数も増加の傾向にある。

おすすめの鑑賞法

①有明中学校前の通りから東京湾方面に向かって

高架の橋梁が伸びていく様子がよくわかる。桁下の道路が広いので、橋脚の梁も長い。

②角乗り橋北交差点付近から

頭上には曲線を描く桁、眼下には車が行き交う湾岸線という贅沢なポイント。桁下の湾岸線は、夜は光跡の写り込みを狙いやすい。

道路の造形美を
上空から堪能

ジャンクション空撮5選

ジャンクションを建設する際、当然造形美よりも効率や安全性が重視されるのだが、最も効率よく、現実的なルートを設計した結果、偶然それが幾何学的で美しい形状になることがある。ここでは、そんなジャンクションを5つ紹介する。

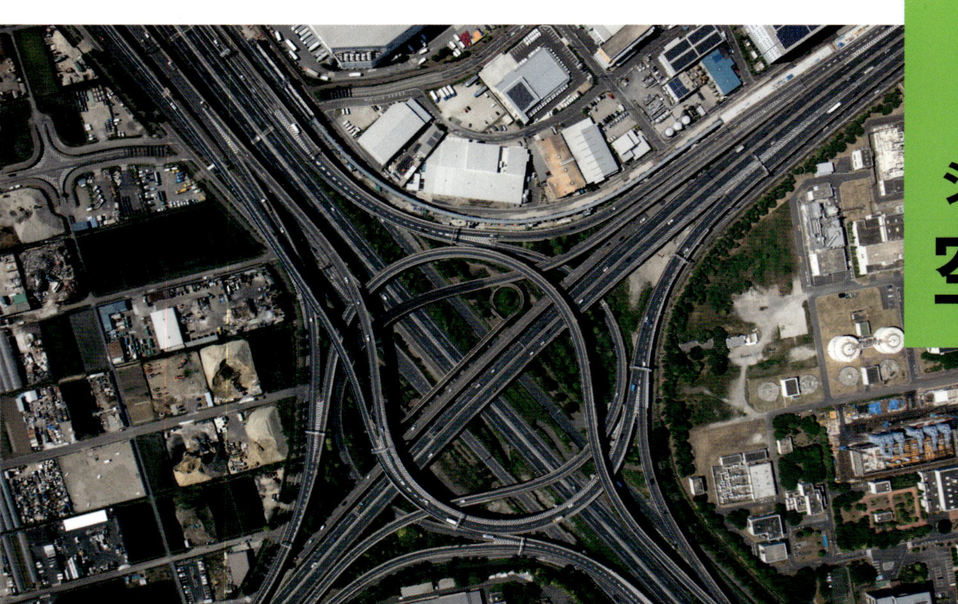

三郷（みさと）ジャンクション

土地に余裕があったため、フルタービン型を採用。限りなく回転対称な形状になっている。

〔所在地〕埼玉県三郷市
〔形状〕タービン型
〔接続〕常磐自動車道、東京外環自動車道、首都高速6号三郷線
〔供用開始〕1992年11月

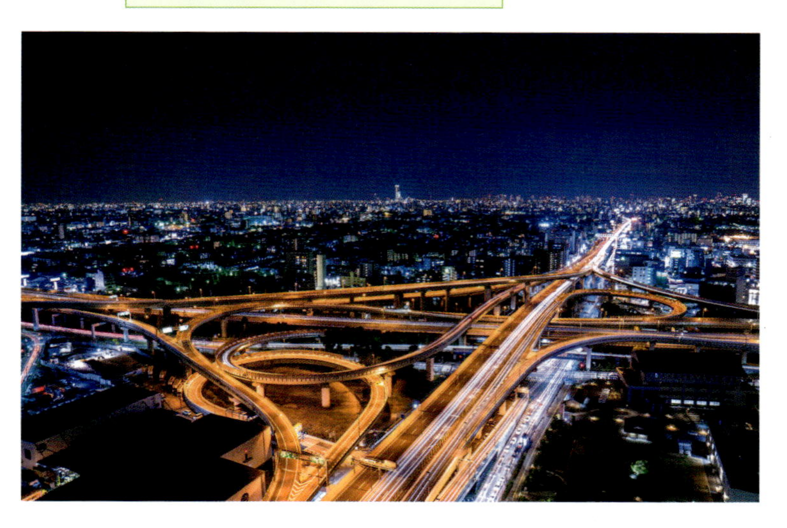

東大阪（ひがしおおさか）ジャンクション

東大阪市役所の展望ロビーでは、地上100メートルから鑑賞が可能。特に夜景が美しく、ここからの眺めは日本夜景遺産にも認定されている。

〔所在地〕大阪府東大阪市
〔形状〕対向ループ型
〔接続〕阪神高速13号東大阪線、近畿自動車道
〔供用開始〕1983年12月

垂水（たるみ）ジャンクション

総面積36万平方メートルを誇る、日本最大級のジャンクション。タービン型にも分類できるが、南北に長く、タマネギの断面のような特殊な形状。

〔所在地〕兵庫県神戸市垂水区
〔形状〕特殊型
〔接続〕神戸淡路鳴門自動車道、
阪神高速5号湾岸（垂水）線、
第二神明道路北線
〔供用開始〕1998年4月

鳥栖（とす）ジャンクション

4方向すべてのループを配置した珍しいジャンクション。「四つ葉」のクローバー型のジャンクションは国内ではここにしかない。

※2001年に、博多から長崎方面への分岐路（サガンクロス橋）が新設された。

〔所在地〕佐賀県鳥栖市
〔形状〕クローバー型
〔接続〕九州自動車道、長崎自動車道、
大分自動車道
〔供用開始〕1975年3月

美女木（びじょぎ）ジャンクション

高速道路が平面交差するジャンクション。そのため高速道路上に信号がある。上空から見るとシンプルな十字だが、高架が3層で構造は複雑。

〔所在地〕埼玉県戸田市
〔形状〕特殊型
〔接続〕東京外環自動車道、
首都高速5号池袋線、埼玉大宮線
〔供用開始〕1993年10月

写真提供：NEXCO東日本

車線が描く幾何学模様

ジャンクションの形状

ジャンクションは、上から見たときの形でいくつかの種類に分類できる。効率重視でつくられた道路が、時として美しい形を描くのだから不思議だ。ここでは、なかでも代表的な形状をいくつか紹介しよう。

3方向を接続する形状

箱崎ジャンクション（写真：国土地理院）

Y字型

３方向接続のジャンクションの中では最も一般的な形式。カーブが緩やかで、進行方向への回転になるので走行もしやすい。用地に制約がある都市部のジャンクションに多く見られる。

使用例

西新宿、箱崎、りんくう、江戸橋、浜崎橋、有明、東雲、辰巳、助松ジャンクションなど

小菅ジャンクション（写真：国土地理院）

トライアングル型

Ｙ字型の変形とも言えるのがこのトライアングル型。中央の三角形部分が大きく空くのでその分用地が必要だが、この空間を公園などに再利用しやすい。カーブも緩やかで走行しやすい。

使用例

堀切、江北、小菅、一ノ橋、板橋、湊町、谷町ジャンクションなど

米原ジャンクション（写真：国土地理院）

トランペット型

連結路のひとつがループ状になり、トランペットのように見えることからそう呼ばれている。立体交差を少なくできるメリットがあるが、カーブがきつい分交通量が少なくなる。

使用例

大泉、米原、郡山、泉佐野、吉川、比布、花巻ジャンクションなど

4方向を接続する形状

タービン型

すべての右折をカーブにした形式。対向ループ型やクローバー型に比べてカーブを緩やかに設計できるので、走行しやすい。敷地面積が大きくなるので、郊外のジャンクションに多く見られる。

三郷ジャンクション

使用例
久御山、三郷、清洲、豊田ジャンクションなど

クローバー型

右折のわたり線をループ状に配置した形式で、広い敷地が必要になる。ループが２つや３つしかない不完全型のものもあり、完全な「四つ葉」のクローバー型は日本では鳥栖ジャンクション（75ページ）のみ。

鳥栖ジャンクション（写真：国土地理院）

使用例
鳥栖、清武、久喜白岡ジャンクションなど

ダイヤモンド型

２路線の交差においては最も一般的で、用地が限られる都市部に使用されることが多い。連結路が少なく完全なひし形でないものや、各路線からの連結路をさらに分岐させて上下線に接続するものなど様々なタイプがある。

湊川ジャンクション（写真：国土地理院）

使用例
阿波座、湊川、西船場、東船場、木更津ジャンクションなど

対向ループ型

一路線の上下線からの右折のみをループ状にし、点対称のループ配置となった形式。もう一路線からの右折はタービン型になっている。交通量に差がある２路線を接続する際に使われることが多い。

川口ジャンクション（写真：国土地理院）

使用例
東大阪、川口、小矢部砺波ジャンクションなど

ジャンクション×夜景
撮影テクニック

ジャンクションを鑑賞するならば、ぜひとも夜景写真にも挑戦してほしい。ここでは、ジャンクションの夜景を撮影する際に押さえておきたいポイントを解説する。

写真・文：川北茂貴

1 道具を揃える

夜景用のカメラというものはなく、風景や乗り物、人物などを撮るもので兼用できる。これから揃えるのであれば、レンズが豊富で多様な設定ができる一眼レフやミラーレスが良いだろう。ISO感度を上げれば手持ちでも撮影できるが、長時間露光で撮る場合は三脚が必要だ。カメラを固定した状態でシャッターを数秒～数十秒開ければ、その間に移動した車のライトが光跡として描写される。

Q カメラの設定は？

A 基本的には一般の夜景撮影と同様

露出やピントはオートでＯＫ。ISO感度は低めの100～400くらいに設定しよう。絞り優先モードに設定し、開放値から２～３段絞る（開放値F4のレンズの場合F8～F11くらい）と、露光時間は数秒～数十秒になる。

2 構図を決める

撮影の肝になるのが写真の構図。枝分かれする橋梁や、交差する桁を効果的に取り入れ、構図を組み立てよう。撮影時はカメラの微妙な傾きに気がつきにくいので、カメラ内蔵の電子水準器（搭載されてない機種もある）で確認するように。

POINT

遠近感を表現する

遠近感はジャンクション夜景の大切な要素。道路の分岐点を奥に、橋梁が手前に広がるように撮影することで、遠近感を強調した構図になる。

大谷ジャンクション（福岡県）

カメラ:Canon EOS 5D Mark Ⅲ／レンズ:EF17-40mm F4L IS USM／撮影モード:絞り優先AE／F値:11／露光時間:15秒／ISO感度:640／焦点距離:19.0mm／WB:白色蛍光灯

交差部分や分岐場所を狙う

立体交差や分岐点をいくつも構図に配置して、一般道では得られないダイナミックさを表現する。カーブする橋梁の線形も重要な要素だ。

生麦ジャンクション（神奈川県）

カメラ:Canon EOS 5D Mark Ⅳ／レンズ:EF16-35mm F4L IS USM／撮影モード:絞り優先AE／F値:11／露光時間:13秒／ISO感度:200／焦点距離:31.0mm／WB:白色蛍光灯

3 アクセントを加える

夜景に限らず、写真は構図の中に脇役を配置することで主役が映える。光芒や光跡をアクセントとして加え、主役のジャンクションを引き立たせよう。光芒とは、街灯などの光源から伸びる筋のことで、光跡は長時間露光中にフレーム内を横切った車のライトが描く光の線のこと。俯瞰で高速道路本線を撮れる場所は案外少ないが、側道の光跡なら撮りやすい。

辰巳ジャンクション(東京都)

カメラ:Canon EOS 5Ds R ／レンズ:EF24-70mm F4L IS USM ／撮影モード:絞り優先AE ／ F値:11 ／露光時間:30秒／ ISO感度:100 ／焦点距離:26.0mm ／ WB:手動（青色強調）

光跡なし

光跡あり

光跡が入ることで写真に躍動感が生まれる。一宮インターチェンジ(愛知県)

カメラ:Canon EOS 5D Mark Ⅲ ／レンズ:EF16-35mm F4L IS USM ／撮影モード:絞り優先AE ／ F値:11 ／露光時間:20秒／ ISO感度:400 ／焦点距離:20.0mm ／ WB:白色蛍光灯

テールランプの赤い光跡が印象的な写真に。清水ジャンクション(静岡県)

カメラ:Canon EOS 5D Mark Ⅲ ／レンズ:EF16-35mm F4L IS USM ／撮影モード:絞り優先AE ／ F値:11 ／露光時間:30秒／ ISO感度:800 ／焦点距離:20.0mm ／ WB:白色蛍光灯

POINT

RAWで記録すれば色みを後から調節できる

写真の記録方式をRAWに設定すれば、ホワイトバランスやコントラスト、多少の露出の明暗なら後からRAW現像ソフトで調整できる。見たままの色や明るさではなく、自由な発想でイメージを強調しても面白いだろう。

色みが変わっただけで、写真の印象も大きく変わる。楠ジャンクション(愛知県)

カメラ:Canon EOS 5D Mark Ⅲ ／レンズ:EF16-35mm F4L IS USM ／撮影モード:絞り優先AE ／ F値:11 ／露光時間:30秒／ ISO感度:250 ／焦点距離:32.0mm ／ WB:上＝白色蛍光灯、下＝手動（青色強調）

プロの写真にぐっと近づく！

応用テクニック

撮影に慣れてきたら試してみたい応用テクニックを紹介。少しの工夫で一気にクオリティを上げることができる。

テクニック1

シャープな描写を得るには F値に注目する

夜景は暗いので、つい絞りを開けて撮りがちだが、開放値から２～３段絞れば構図周辺までシャープな描写が得られ、なおかつ光芒も効果的に広がる。例えば開放値がＦ４のレンズなら、Ｆ８～11あたりがおすすめだ。絞り込み過ぎると、露光時間が長くなる割に描写は良くならないので注意しよう。

江北ジャンクション（東京都）

テクニック2

周辺環境を利用して オリジナルの構図をつくる

ジャンクション本体だけでなく、周辺の被写体もいかせば、その場所ならではの特色ある写真になる。左の写真では、満開の八重桜が、武骨なジャンクションに彩を添えてくれた。何を組み合わせればよいか、周囲を観察して見つけよう。

カメラ：Canon EOS 5Ds R ／レンズ：EF24-70mm F4L IS USM ／撮影モード：絞り優先AE ／Ｆ値：11 ／露光時間：15秒／ ISO感度：400 ／焦点距離：28.0mm ／ WB：白色蛍光灯

テクニック3

魚眼レンズを使えば インパクトがある写真に

普通に撮っても非日常感あふれるジャンクションだが、魚眼レンズの湾曲感でそれをさらに強調しても面白い。ただし、画角が広くなるほど構図が傾いていることに気がつきにくいので、構図が決まった後に水準器で確認するように。

カメラ：Canon EOS 5D Mark Ⅲ／レンズ：SIGMA 15mm F2.8 EX DG DIAGONAL FISHEYE ／撮影モード：絞り優先AE ／Ｆ値：11 ／露光時間：15秒／ ISO感度：400 ／焦点距離：15.0mm ／ WB：白色蛍光灯

黒川インターチェンジ（愛知県）

⚠ 撮影に出かけるときは

- 安全には十分注意しよう。暗い夜道では、ドライバーも撮影者を認識しにくい。事故防止のために反射材のタスキを着用するなどの配慮も必要だ。
- 魅力的な写真のためとはいえ、私有地に立ち入るのはＮＧ。撮影はルールを守って楽しもう。
- 出かける前に、アクセス情報や工事状況、付近の交通情報など、必ず最新の情報を確認してほしい。

PART2

橋梁大図鑑

谷や川が多い日本では、橋梁（橋）の存在は欠かせない。
山間部でも都市部でも、
高速道路には多くの橋が使われている。
自動車を通すという目的はもちろんだが、
ときに地域のランドマークとしての役割も担う
特徴的な高速道路橋を紹介しよう。

橋梁鑑賞の基礎知識①
用途と形式

明石海峡大橋（神戸淡路鳴門自動車道）

橋は用途と形式によって分類できる

橋梁（橋）は、果たす役割によって大きく5つに分類され、それぞれ道路橋、鉄道橋、歩道橋、水路橋、併用橋という名称がついている。本書で紹介するのは主に道路橋だが、その他の橋についても知っておこう。

【道路橋】 人や車の通行用にかけられた橋で、日本の橋の多くは道路橋。基本は車道と歩道を並立するが、高速道路上の橋はとくに自動車専用になっていることが多い。

【鉄道橋】 鉄道専用の橋。列車全体の重さに耐えられるだけの強度が求められる。

【歩道橋】 人道橋とも呼ばれる、歩行専用の橋。遊歩道や、池、堀にかけられるなど、身近な場所に使われている。

【水路橋】 飲料水や農業用水を運ぶための橋。河川に架橋し、水を必要なところまで運ぶ重要な役割を担う。

【併用橋】 自動車用と鉄道用を兼ねた橋を併用橋という。ゆりかもめを併設したレインボーブリッジなどが代表的。

次のページからは、橋の形式について詳しく解説していく。

関西国際空港連絡橋（関西空港自動車道）。上段が自動車用、下段が鉄道用になった併用橋。

桁橋

一般的な支間長 10 ～ 70 メートル

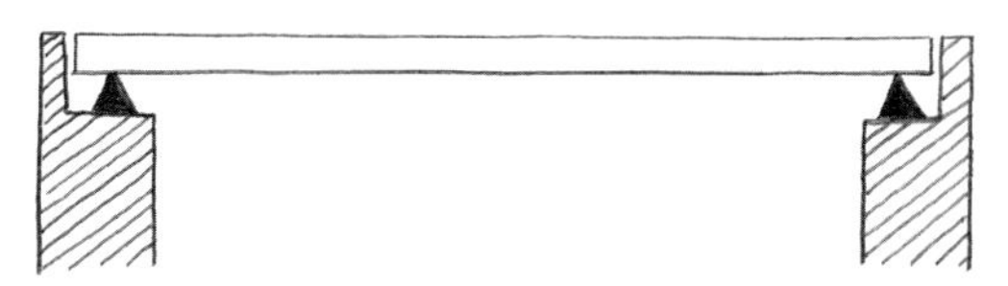

古くから使用されてきたオーソドックスな形式。板状の桁を橋脚に載せただけのシンプルな構造なので、長い橋には適さない。高速道路では、ひとつの桁を複数の橋脚で支える「連続桁橋」と呼ばれる形式が多く用いられる。

大師橋（首都高速神奈川１号横羽線）

ラーメン橋

一般的な支間長 35 ～ 100 メートル

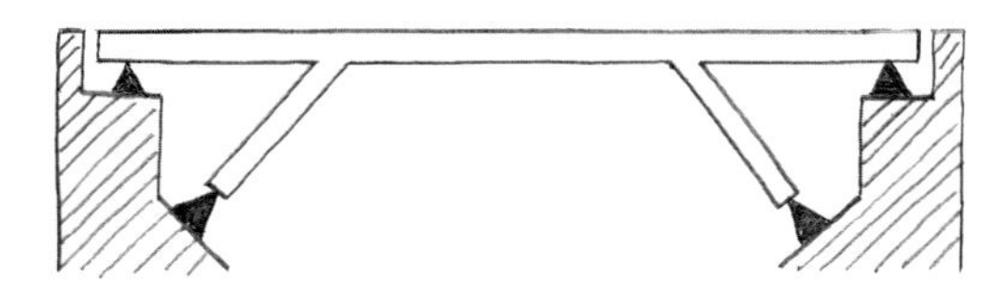

桁と橋脚を剛結し、一体にした形式。ラーメンとはドイツ語で枠組みという意味で、門形のものやイラストのような方杖(ほうづえ)形の構造が一般的。高速道路の上にかかる跨道橋などではよく見られる形式だが、長距離の橋にはあまり使用しない。

はまゆう大橋（浜名湖新橋有料道路）

トラス橋

一般的な支間長 50 ～ 110 メートル

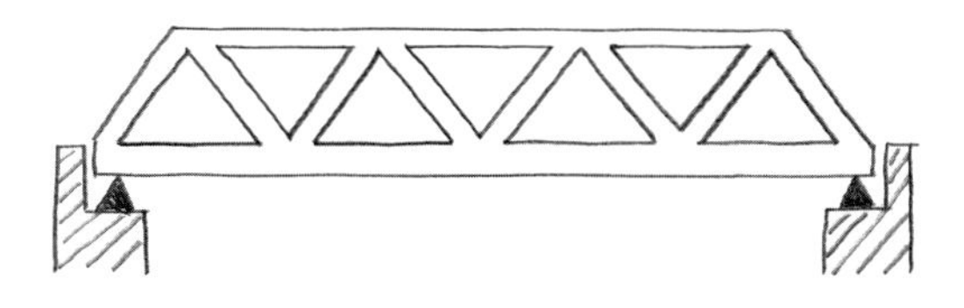

三角形の骨組みを組み合わせた構造。丈夫で変形しにくい特性がある。また、部材が軽く現場での組み立てが容易なので、道路橋にも多く使われる形式だ。三角形を構成する斜材の組み方によって、さらにいくつかに分類ができる。

東京ゲートブリッジ（東京港臨海道路）

アーチ橋

一般的な支間長 40 ～ 160 メートル

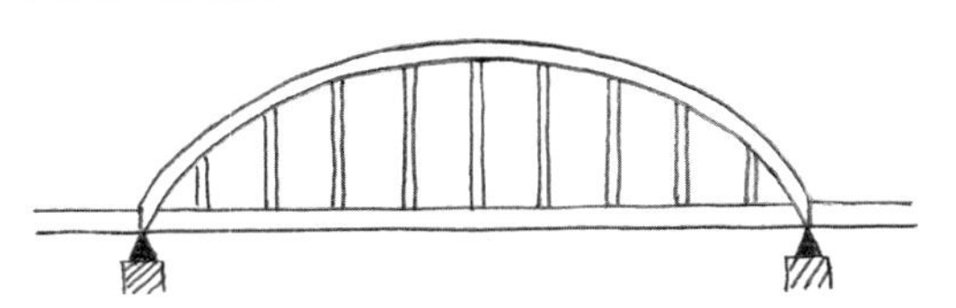

主構造としてアーチを用いた橋のこと。橋にかかる荷重がアーチ部材の内部で圧縮力に変換され、両端の支点へ伝達される。アーチの形式によって、さらに細かく分類できる。アーチ橋の歴史は古く、ローマ時代の石造アーチ橋で現存するものも多い。

六甲アイランド大橋（阪神高速５号湾岸線）

斜張橋

一般的な支間長 100 ～ 700 メートル

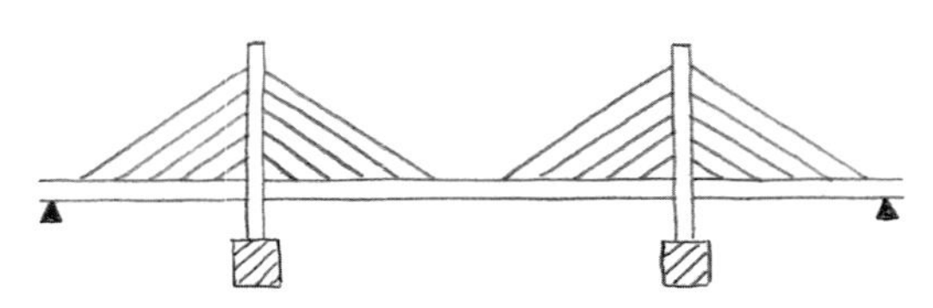

主塔から斜めに伸ばしたケーブルを桁につなぎ、引っ張って支える形式。主塔を複数建てたり、高くしてケーブルの数を増やしたりすると、長い橋にも対応できる。ケーブルの張り方によって、いくつかのパターンに分けられる。

荒津大橋（福岡都市高速環状線）

吊り橋

一般的な支間長 500 ～ 1500 メートル

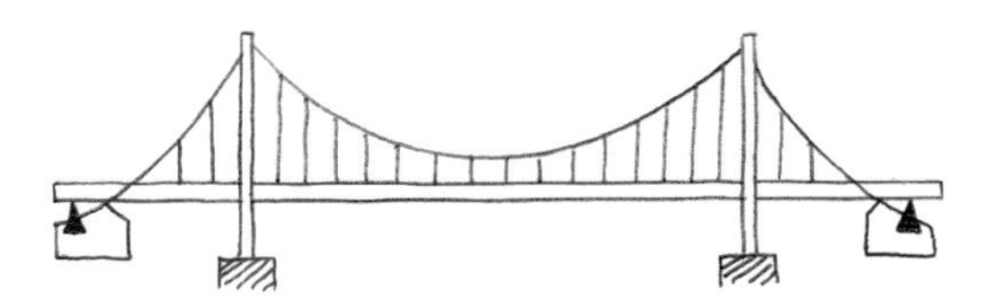

２ヵ所の主塔の間に主ケーブルを張り、そこから鉛直に降ろしたハンガーロープで桁を吊り下げる。長い支間でも橋脚をつくらずに架橋できるので、海峡や山間部などの大規模な橋に多く使われる形式だ。

大鳴門橋（神戸淡路鳴門自動車道）

アクアブリッジ（東京湾アクアライン）

橋梁鑑賞の基礎知識②

各部の名称

橋を構成する要素と寸法

橋の構造は、大きく上部構造と下部構造に分けられる。上部構造には前ページまでで紹介したような形式が用いられ、上部構造の主要な部材を総じて「主構（しゅこう）」と呼ぶ。一方、下部構造とは橋台や橋脚などの「脚」の部分と、地中に埋まっている基礎部分の総称だ。

そんな上下の構造を連結しているのが「支承」で、上部構造からの荷重を下部構造に伝達する役割を担う。支承の働きで、上部構造の変形や回転を許容し、下部構造に無理な力がかからないようにしているのだ。

橋の長さを表すときは、橋長や支間長という言葉が使われる（左図上参照）。また、床版のうち車が走行できる部分の幅を幅員といい、橋の規模は橋長と幅員で表される。

橋の構成要素

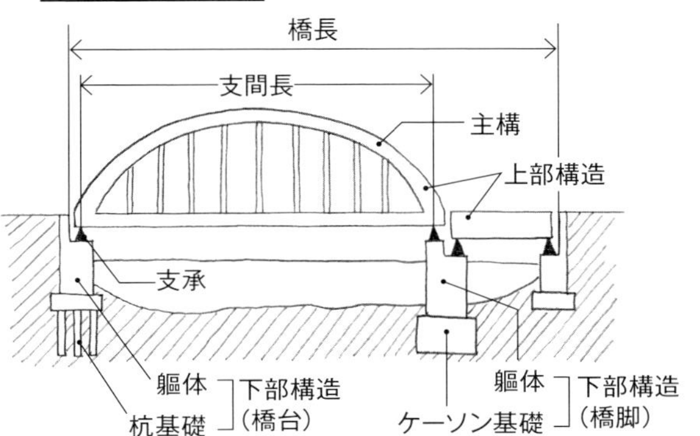

床版

真っ赤なトラスが空に映える

港大橋

DATA

〔所在地〕大阪府大阪市港区、住之江区 **〔形式〕**トラス橋 **〔路線〕**阪神高速16号大阪港線、4号湾岸線、5号湾岸線 **〔完成〕**1974年 **〔橋長〕**980メートル **〔幅員〕**19.3メートル

赤一色のデザインは当時の基準では特例だった

　真っ赤な主構が特徴的な港大橋（みなとおおはし）。10ページの写真からもわかるように、赤一色のトラスは圧倒的な存在感を放っているが、設計時には別の色が検討されていた。というのも、航空法により、海面から60メートル以上高さのある構造物は赤と白に塗装することが義務づけられていたのだ。しかし、大阪港の玄関口ともなるこの橋が、ほかの建造物と同じカラーリングでは景観が台無しになる。そこで航空局と協議をし、赤一色で塗装することになったのだ。

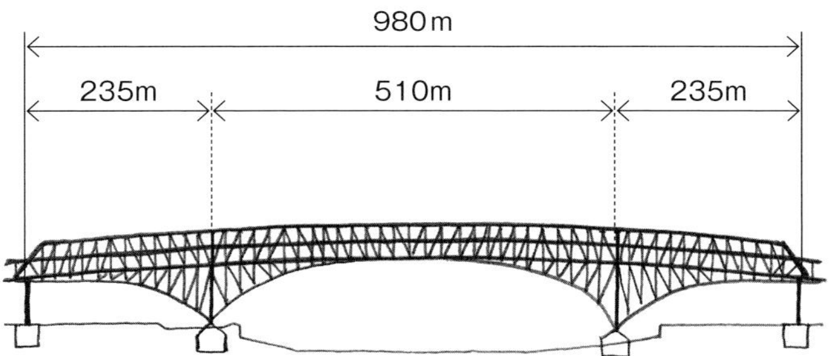

この橋のために開発された免震技術

港大橋は、道路の床版と橋の主構が完全に切り離されている。「床組免震」という、地震の際に道路がスライドして力を逃がす仕組みで、道路面を支える支承には「すべり免震支承」を採用。さらに、トラス部分には「芯材」と「鋼材」の２重構造になった「制震ブレース」が使用されている。内側の芯材が伸び縮みすることで、地震のエネルギーを吸収するのだ。

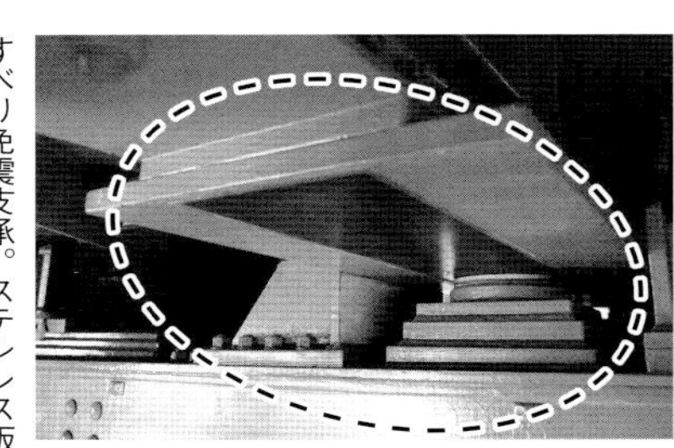

すべり免震支承。ステンレス板の部分を支承がスライドする。

（写真提供：阪神高速道路株式会社）

長大橋建設の先駆け

関門橋

DATA

〔**所在地**〕福岡県北九州市、山口県下関市
〔**形式**〕吊り橋　〔**路線**〕関門自動車道　〔**完成**〕1973年　〔**橋長**〕1068メートル　〔**幅員**〕26メートル

完成まで5年の歳月を費やした本州と九州の架け橋

関門海峡にかかる海上橋で、日本の大規模な橋梁建設の先駆け的な存在。関門トンネルの渋滞を緩和する目的で建設が計画された。完成まで5年の歳月を費やし、竣工当時は東洋一の規模を誇った吊り橋である。

九州自動車道と中国自動車道の接続部分にかかる橋だが、関門橋（かんもんきょう）はどちらの路線にも属さず、前後の門司インターから下関インターまでは関門自動車道という路線名がついている。

九州側から下関方面を見たところ。橋梁の真下に立つことができる。

東京湾を彩る虹の吊り橋

レインボーブリッジ

DATA

〔所在地〕東京都港区 **〔形式〕**吊り橋 **〔路線〕**首都高速11号台場線 **〔完成〕**1993年 **〔橋長〕**798メートル **〔幅員〕**23.5メートル

地球の丸みで主塔間の距離に誤差が出る

都心と臨海副都心を結ぶレインボーブリッジ。今や日本で一番有名な橋と言っても過言ではないこの橋は、1987年に着工し、6年半の歳月をかけて完成した。架設地点は船の往来が激しいため橋脚の本数が限られ、さらには空港も近いため橋の高さにも制限が。こうした制約をクリアすべく、吊り橋という構造に決まったのだ。

ちなみに、2本の主塔は570メートル間隔で建っているが、地球の丸みのせいで最上部の直線距離は11ミリ長くなるという。

白い主塔が美しい港のランドマーク

名港中央大橋

DATA

〔**所在地**〕愛知県名古屋市港区 〔**形式**〕斜張橋 〔**路線**〕伊勢湾岸道路 〔**完成**〕1998年 〔**橋長**〕1170メートル 〔**幅員**〕29メートル

名古屋港のシンボル 名港トリトンのひとつ

名古屋港を横断する伊勢湾岸道路には名港トリトンと呼ばれる3つの斜張橋がかけられているが、なかでも最大規模なのが名港中央大橋。A型の主塔が特徴的だ。この橋は、柱の断面を八角形にすることで風の抵抗を減らしている。

名港トリトンの残り2つは名港西大橋と名港東大橋で、それぞれ主塔の色を差別化している。中央大橋は白、西大橋は赤、東大橋は青。3色の斜張橋が連続でそそり立つ様は圧巻だ。

上：名港西大橋
下：名港東大橋

曲線と直線のバランスが壮観

かつしかハープ橋

DATA

〔所在地〕東京都葛飾区　〔形式〕斜張橋　〔路線〕首都高速中央環状線　〔完成〕1987年　〔橋長〕455メートル　〔幅員〕18.5メートル

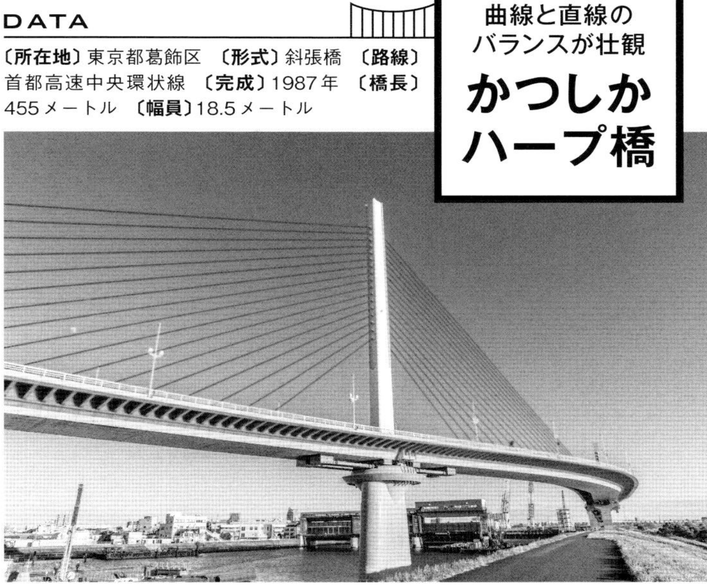

世界初！　桁がS字型の斜張橋

綾瀬川にかかる斜張橋で、最大の特徴はそのフォルム。桁が大きくカーブしており、その曲線とワイヤーが織りなす姿がハープのようだと、公募によりこの名前がつけられた。桁の線形がS字の斜張橋がつくられたのは世界でも初めて。その業績が評価され、土木学会田中賞を受賞している。

港を見下ろす大阪湾の守り神

天保山大橋

DATA

〔所在地〕大阪府大阪市港区、此花区　〔形式〕斜張橋　〔路線〕阪神高速５号湾岸線　〔完成〕1991年　〔橋長〕640メートル　〔幅員〕27.25～39.25メートル

偏平六角形の桁が特徴

海上52メートルの高さに架設された天保山大橋（てんぽうざんおおはし）には、様々な自然災害に対する対策がなされている。なかでも特徴的なのは桁の形状。「偏平六角形箱桁」という薄い桁が使用され、風の抵抗を少なくしているのだ。また、A型の主塔は2面ケーブルと一体となって橋全体のねじれ剛性を高めている。

世界初の形式を採用

五色桜大橋

DATA

〔**所在地**〕東京都足立区 〔**形式**〕アーチ橋
〔**路線**〕首都高速中央環状線 〔**完成**〕2002年 〔**橋長**〕143メートル 〔**幅員**〕約14.9～16メートル

アーチ部と補剛桁の双方で橋の変形を防ぐローゼ橋

アーチ型の主構が目をひく五色桜大橋。アーチ橋のなかでも、アーチ部と補剛桁が協力して橋の変形を抑えているものをローゼ橋と言う。さらに、この橋のようにアーチ部と補剛桁の間に斜めにワイヤーを張った形状をニールセンローゼ橋と言い、ダブルデッキのニールセンローゼ橋の建設は五色桜大橋が世界初。

橋では振動による電力発電の実験が行われていたこともあり、橋をライトアップする電力の一部を補っていた。

アーチ部材と補剛桁（斜線部）の間にワイヤーが配置されている。

日本で初めての鋼・コンクリート複合アーチ橋

静岡県の新富士インターと新清水インター間、富士川にかかる高速道路橋。アーチ部分には圧縮に強いコンクリート、桁には軽量な鋼材を使うことで従来のコンクリート橋に比べて40%ほど重量が軽減されている。こうした鋼・コンクリート複合アーチ橋の建設は国内では初めてで、土木学会田中賞のほか、多数の賞を受賞している。

富士山の麓を走る新東名高速ならではの風景。

新東名を支える堅牢な橋梁

新富士川橋

DATA

〔所在地〕静岡県富士宮市 **〔形式〕**アーチ橋 **〔路線〕**新東名高速道路 **〔完成〕**2005年 **〔橋長〕**上り線365メートル、下り線381メートル **〔幅員〕**18.05メートル

新名神を代表する長大橋
近江大鳥橋

DATA

〔所在地〕滋賀県甲賀市、大津市、栗東市 **〔形式〕**エクストラドーズド橋 **〔路線〕**新名神高速道路 **〔完成〕**2007年 **〔橋長〕**上り線495メートル、下り線555メートル **〔幅員〕**19.3メートル

見る者を圧倒する迫力あるデザイン

大きく羽を広げた鳥を思わせるフォルムが特徴。県立自然公園内に設置されるため、デザイン性が求められたからだ。近江大鳥橋(おうみおおどりばし)で採用されたエクストラドーズド橋というのは、桁橋と斜張橋の中間ほどの支間長の橋に適した形式。斜材の角度が水平に近いので、斜張橋よりも主塔を低くできる。

瀬戸内海の島々をつなぐ
大三島橋

DATA

〔所在地〕愛媛県今治市 **〔形式〕**アーチ橋 **〔路線〕**西瀬戸自動車道 **〔完成〕**1979年 **〔橋長〕**328メートル **〔幅員〕**20メートル

本四連絡橋内唯一のアーチ橋

計17の橋がかかる本州四国連絡橋の中で最初に完成した橋。瀬戸内海の鼻栗瀬戸(はなぐりせと)を横断し、大三島と伯方島をむすんでいる。本四連絡橋内のアーチ橋は大三島橋(おおみしまばし)のみで、明るいグレーのアーチと瀬戸内の海のコントラストが美しい。原付及び自転車歩行者道が設けられているので、徒歩で通行することも可能だ。

世界初の
2層式アーチ橋

神戸大橋

DATA

〔所在地〕兵庫県神戸市中央区　〔形式〕アーチ橋
〔路線〕港湾幹線道路　〔完成〕1970年　〔橋長〕319メートル　〔幅員〕20メートル

港のランドマークは赤いアーチ

神戸港の港湾幹線道路（通称ハーバーハイウェイ*）には、計6つの長大橋がかかっている。なかでも真っ赤なアーチが印象的なこの神戸大橋は、港のシンボル的存在。上下2段のダブルデッキ型を採用しており、上段は三宮方面、下段はポートアイランド方面への一方通行。なお、下段には歩道も設けられている。

世界最長の
V脚ラーメン橋

灘浜大橋

DATA

〔所在地〕兵庫県神戸市灘区　〔形式〕ラーメン橋
〔路線〕港湾幹線道路　〔完成〕1993年　〔橋長〕400メートル　〔幅員〕20.6メートル

支承を使用しないラーメン構造の橋脚

灘浜大橋は、橋脚にラーメン構造を採用している。桁と橋脚の間に支承を使用せず、桁と橋脚を直接剛結した構造で、なかでも橋脚がV字をしているものはV脚ラーメン橋と呼ばれる。橋長は400メートルあり、V脚ラーメン橋の中では世界最長を誇る。橋のシルエットもスマートで美しい。

＊ハーバーハイウェイは神戸市が管理する有料道路で、制限速度は時速60キロ。阪神高速道路への乗り継ぎの際は別料金になるので注意が必要だ。

高速道路をもっと楽しむために

高速道路の魅力は、ジャンクションと橋だけではない。そのほかにも、鑑賞に値する面白いポイントがたくさんつまっているのだ。ここでは、高速道路の鑑賞がさらに楽しくなるような、魅力的なポイントを6つ紹介する。

魅力その1 インターチェンジ

高尾山インターチェンジ（東京都八王子市）

ジャンクション同様、複雑な構造になる場合も多い。以前は、ジャンクションもインターチェンジと呼ばれることが多かったが、現在では便宜上、高速道路と一般道路の接続部分をインターチェンジ、高速道路どうしの接続部分をジャンクションと呼んでいる。そのためインターチェンジには料金所が併設される。

黒川インターチェンジ（愛知県名古屋市）

魅力その2 建設現場

現在も増築や延伸が進められている高速道路。工事の様子を近隣から眺めたり、道路会社主催の見学会などに参加したりするのも面白い。道路の延伸計画や工事区間などは、各道路会社のホームページなどでチェックできる。

2019年度完成予定の小松川ジャンクション（東京都江戸川区）の架設工事。

魅力その3 標識

高速道路の上には様々な標識があるが、走行中でも読みやすい高速道特有のフォント、通称“公団ゴシック”が使われていた。文字の正確さよりも視認性を重視して一文字ずつデザインされていたのだが、製作コストや文字のばらつきなどの問題から2010年に廃止に。現在はヒラギノのフォントが使われている。高速道路から消えつつある公団ゴシック。このフォントを使った標識が見られるのもあと数年かもしれない。

上：公団ゴシックが使われた標識。大分自動車道鳥栖ジャンクション（佐賀県鳥栖市）付近。
右：2010年より使用されている「ヒラギノ角ゴシック体W5」。

北陸自動車道 蓮台寺パーキングエリア付近にかかる跨道橋

魅力その4 側道・跨道橋

高速道路の上にかかる跨道橋（こどうきょう）や、並走する側道から本線を鑑賞するという楽しみ方もある。パーキングエリアなどでない限り、高速道路上を撮影するのは難しいが、跨道橋や側道からであれば道路をじっくり鑑賞できる。こうした場所からの鑑賞では、標識や案内板はもちろん、オービス（自動速度違反取締装置）やNシステム（自動車ナンバー自動読み取り装置）などの設備に目を向けてみるのも面白い。また、その路線の起点からの距離を示すキロポスト（距離標）に注目してみるのもいいだろう。

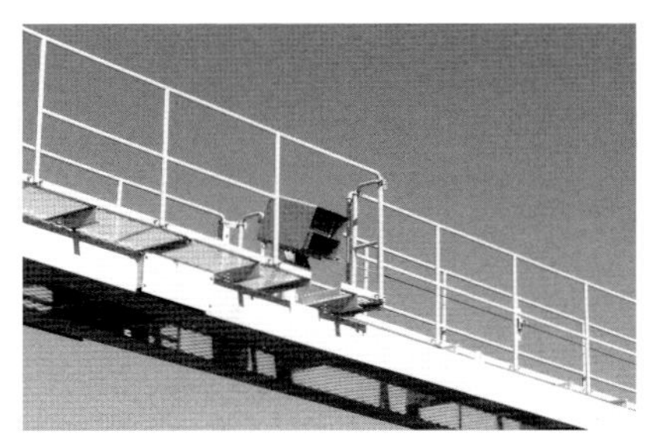

Nシステム

オービス

魅力その5 トンネル

山間部だけではなく、都市部の地下や海底にまで、高速道路にはじつにたくさんのトンネルがつくられている。走行時に限られた楽しみ方ではあるが、トンネル内部の照明や走行する車のライトがつくり出す独特な雰囲気を意識してみても面白いだろう。

横浜北トンネル（首都高速神奈川７号横浜北線）

トンネル内には、急激な明るさの変化を緩和するための特別な照明が使われる。照明の数は出入口付近が最も多く、中間部は比較的少ない。

首都高速５号池袋線、
飯田橋駅付近のイカの耳。

魅力その6 未成ルートの遺構

33ページや53ページでも触れているが、高速道路を鑑賞していると、時折延伸のための準備だと思われる構造を見つけることがある。代表的なのは「イカの耳」と呼ばれる非常駐車帯のような構造で、後から道路を接続することを想定してつくられたもの。今後使用される予定のものもあれば、接続の計画がなくなって放置されているものもある。こうした構造を追っていくと、過去に計画された未成ルートが見えてくる。

池袋線の下層に別の路線を通す計画があったため、橋脚に梁を渡すための突起が残っている。

監修者一覧

阪神高速道路株式会社

総延長250.4キロを誇る、阪神高速道路を管理する。1962年に阪神高速道路公団として発足し、2005年の民営化とともに改称。関西地区の人々の暮らしと経済の発展に貢献してきた。「先進の道路サービスへ」を理念に掲げ、安全・安心・快適な高速道路サービスを提供し続けている。

首都高速道路株式会社

総延長300キロ超、一日平均100万台が利用する首都圏の大動脈、首都高速道路を管理する。1959年に首都高速道路公団として発足し、2005年の民営化に伴い現在の名称に。安全・安心・快適なみちづくりをモットーに首都圏の暮らしを支え続けている。

NEXCO西日本
(西日本高速道路株式会社)

総延長3500キロを超える西日本エリアの高速道路を管理する。リスクマネジメントを徹底し、「安全で安心な道」をつねに提供してきた。道路の保全や技術開発はもちろん、SAやPAなどのサービス施設への満足度の向上にも取り組んでいる。

NEXCO中日本
(中日本高速道路株式会社)

中部、東海エリアの高速道路を管理。高速道路の安全性向上と機能強化をモットーに、道路ネットワークの整備やリニューアル工事にも力を注いでいる。長年の建設・維持管理事業から培ったノウハウを活かし、技術の開発にも尽力してきた。

NEXCO東日本
(東日本高速道路株式会社)

関東から北海道まで(一部信越を含む)の高速道路を管理する。総延長4000キロ弱、一日平均295万台が利用する道路の安全を守っている。高速道路の「美しさ」にも気を配り、景観整備や施設の改良にも力を入れている。

神戸市港湾局

兵庫県神戸市の臨港交通施設を管理する。六甲アイランドからポートアイランドに至る港湾幹線道路の安全を維持し、さらなる魅力の向上と活性化に努めている。

本州四国連絡高速道路株式会社

瀬戸内における交通の要衝、本州四国連絡高速道路を管理する。本州と四国を結ぶ長大橋梁群は世界最大規模で、これらの橋を良好に保ち、地域の発展に寄与している。

撮影監修

川北茂貴

夜景写真家。ストックフォトや旅行ガイドブックの撮影で世界各地を巡った際、現地の夜景のポスターや絵葉書に感銘を受け、自身でも夜景の撮影をするように。キヤノンEOS学園の講師を務める傍ら、夜景撮影関連の記事を多数執筆。

生麦ジャンクション(P62-63)
撮影:川北茂貴

監修者一覧

首都高速道路株式会社、阪神高速道路株式会社、東日本高速道路株式会社、中日本高速道路株式会社、西日本高速道路株式会社、本州四国連絡高速道路株式会社、神戸市港湾局、川北茂貴

高速ジャンクション＆橋梁の鑑賞法　The New Fifties

2019年8月6日　第1刷発行

監　修　首都高速道路株式会社
　　　　阪神高速道路株式会社　ほか

発行者　渡瀬昌彦

発行所　株式会社講談社
東京都文京区音羽二丁目12-21　郵便番号112-8001
電話　編集　03-5395-3560
　　　販売　03-5395-4415
　　　業務　03-5395-3615

印刷所　凸版印刷株式会社

製本所　大口製本印刷株式会社

ISBN978-4-06-516777-9

N.D.C.514　99p　21cm